U0207396

普洱茶解密

——普洱茶知识百问百答

徐亚和 **编著**

云南科技出版社

·昆明·

前　言

　　在中国，喝茶是一种需要、一种情趣。从茶山到茶树再到工艺，从茶到器、到水、到人、到境都有许多讲究，把这些讲究情趣化并养成习惯，便是一种生活方式、一种生活态度。而普洱茶，是最堪寻味和把玩的一种茶。

　　普洱茶产于云南，是以地域命名的云南传统历史名茶，也是中国历史名茶。随着世界人民对中国茶和茶文化根的认同，普洱茶受到越来越广泛的关注。品味多彩的普洱茶，每一口都能带给人不同的惊喜！每一个喜爱它的人仿佛置身于一个神秘而迷人的世界，陶醉其中，流连忘返。它有哪些故事？究竟好在哪里？人们喜爱它的理由是什么？判断取舍的依据是什么？如何冲泡和收藏？它对人体有哪些好处……所有这些问题都期待一个科学、完备、体系的诠释。《解读普洱——最新普洱茶百问百答》于2006年出版后，受到广大读者欢迎，出版社为满足读者需要数次重印，累计发行数万册。但是，随着消费人群的不断扩展，个性化消费的不断升级，茶旅游学的不断兴起，也为了全面提高本书的质量，我们趁此机会对全书进行了一次修订。

《普洱茶解密——普洱茶知识百问百答》除了订正原书的疏漏外，还吸收了一些新的科研成果、新的市场需求、云南茶文化特色旅游等来充实书的内容。为避免篇幅过长，本书删除了关于茶树品种和普洱茶品牌的介绍，坚持简明扼要的编写风格，体系和结构基本保持和原书相同，以最大限度地满足读者品饮普洱茶过程中的常识性需要。原则上只讲通说，不介绍各种争论。有些问题虽然同时指出了不同观点，但未对不同观点作出具体说明，读者可以通过自己关注的兴趣点进行研究。

茶出云南。在云南这片土地上，似乎隐藏着无数的秘密等待着人们去探索。它的神秘，不仅在于自然景观和文化传承，更在于那让人心灵深处产生共鸣的茶树原产地先民发现和利用茶的最初的意象和精神的力量。在这里，你可以看到耸立在云端间的秀美山峦，感受到自然的呼吸及内心的荡漾。看着茶林交融、层层叠叠、漫山遍野的就像大地指纹的古茶园，你会赞叹大自然和人类文明与普洱茶的完美契合。只要你静静地听、慢慢地走、细细地品，就能让心扎下根来，荡涤凡尘，不回俗世。精读本书，你能深刻理解中国在世界茶叶起源、种植、贸易和茶文化传播领域的主导地位和它活态文化遗产的中国案例和中国情趣。

我们深信，这是一本内容翔实、通俗易懂的普洱茶科普专著，是一本值得一读的了解云南普洱茶的好书，是一本走进云南、了解云南、融入云南的茶旅探秘的游学指南，对普及、提高普洱茶知识，以及推广云南茶文化将大有裨益。

徐亚和

2020年4月6日

目录

第一章

普洱茶基础知识

内容提要

什么是普洱茶？

普洱茶必须具备哪些条件？

普洱茶有哪些类型？

普洱生茶和熟茶有什么不同？

普洱茶是怎样出名的？

饼茶是云南人发明的吗？

为什么说普洱茶是最能代表云南历史文化的茶品？

1. 什么是普洱茶?

普洱茶是以地域命名的云南传统历史名茶,也是中国历史名茶。普洱茶的历史最早可追溯到商周,到唐代已成为主要商品;明代已有较大的普及,谓"士庶所用皆普茶";清代入贡朝廷,声名鹊起,闻名遐迩,成为中国名茶。它原产于云南澜沧江流域中部一带的临沧、思茅(今普洱)、西双版纳,集散于今云南普洱市宁洱县(原普洱县),故名"普洱茶"。

原国家质检总局(现中华人民共和国国家知识产权局)于2008年5月审查通过了云南省普洱茶地理标志产品保护申请,将普洱茶列为中国国家地理标志产品。普洱茶的定义是:"以地理标志保护范围内的云南大叶种晒青茶为原料,并在地理标志保护范围内采用特定的加工工艺制成,具有独特品质特征的茶叶。"

2. 普洱茶必须具备哪些条件?

根据原国家质检总局(现中华人民共和国国家知识产权局)2008年公布的《地理标志产品普洱茶》对普洱茶术语定

地理标志:世界贸易组织在有关贸易的知识产权协议中,对地理标志的定义为:地理标志是鉴别原产于一成员国领土或该领土的一个地区或一地点的产品的标志,该标志产品的质量、声誉或其他确定的特性应主要决定于其原产地。因此,地理标志主要用于鉴别某一产品的产地,即是该产品的产地标志。地理标志也是知识产权的一种。

义作了限制性规定，普洱茶必须具备以下五个条件。

（1）普洱茶的产地只能是云南省境内处在地理标志保护范围内的一定区域，排除了地理标志保护范围以外的其他任何产区。这一规定保护了普洱茶的原产地，使普洱茶成为具有鲜明地域性特征的特殊产品。定义中所指的地理标志保护范围内，是云南省的普洱市、西双版纳州、临沧市、昆明市、大理州、保山市、德宏州、楚雄州、红河州、玉溪市、文山州11个州（市）所辖的75个具（市、区）。

（2）普洱茶必须在地理标志保护范围内采用特定的加工工艺制成。也就是说，离开了地理标志保护范围内加工制作的，都不是普洱茶。

（3）用于加工普洱茶的茶树品种只能是云南大叶种。排除了云南大叶种以外的其他品种（包含生长在云南的中、小叶茶树品种）。就是说，采用中、小叶种茶青原料加工的类似的产品(即使产地在保护范围内)，亦不属于普洱茶的范畴。

（4）用于加工普洱茶的原料只能是晒青茶。此规定明确了除晒青毛茶以外的白茶（全萎凋茶）、烘青、炒青等茶类或茶坯制成的产品，都不属于普洱茶。

（5）普洱茶是采用特定的加工工艺制成的再加工茶。该规定限制性地排除了所有基础性毛茶，说明晒青毛茶仅仅

杀青：绿茶、黄茶、黑茶、乌龙茶、普洱茶、部分红茶等的初制工序之一。主要目的是通过高温破坏和钝化鲜叶中的氧化酶活性，抑制鲜叶中的茶多酚等的酶促氧化，蒸发鲜叶部分水分，使茶叶变软，便于揉捻成形，同时散发青臭味，促进良好香气的形成。
杀青方式：炒青、蒸青、泡青、辐射杀青等。普洱茶主要杀青方式分为锅炒杀青、滚筒式杀青等。

是原料茶，不属于标准意义上的普洱茶。

3. 普洱茶有哪些类型?

普洱茶按加工工艺及品质特征分为普洱生茶和普洱熟茶两种类型。

普洱生茶是以符合普洱茶产地环境条件下生长的云南大叶种茶树鲜叶为原料，经杀青、揉捻、日光干燥、蒸压成型等工艺制成的紧压茶。其品质特征为：外形色泽墨绿，香气清纯持久，滋味浓厚回甘，汤色绿黄清亮，叶底肥厚黄绿。

普洱熟茶是以符合普洱茶产地环境条件的云南大叶种晒青茶为原料，采用特定工艺、经后发酵（快速后发酵或缓慢后发酵）加工形成的散茶和紧压茶。其品质特征为：外形色泽红褐，内质汤色红浓明亮，香气有独特陈香，滋味醇厚回甘，叶底红褐。

4. 普洱生茶和熟茶有什么不同?

普洱生茶、普洱熟茶是根据普洱茶加工过程中氧化和发酵程度不同进行命名的两种茶。由于加工工艺不同，形成了

发酵：指人们借助微生物在有氧或无氧条件下的生命活动来制备微生物菌体本身，或者直接代谢产物或次级代谢产物的过程，其定义因使用场合的不同而不同。通常所说的发酵，多是指生物体对于有机物的某种分解过程。

普洱生茶 ↓ 外形色泽墨绿

　　　　　汤色绿黄清

　　　　　叶底肥厚黄绿

普洱熟茶 ↓ 外形色泽红褐

　　　　　汤色红浓明亮

　　　　　叶底红褐

各自的品质特征。

普洱生茶，是制造普洱熟茶的原料，由于未经发酵处理，早期较多地保存了晒青毛茶的品质特性：氨基酸、茶多酚、咖啡碱等有效成分含量较高，茶性刚烈，耐储性强。其香气主要表现为荷香或清香中透着日光气味，滋味浓烈，呈杏黄明亮的金黄色茶汤。

普洱熟茶，因加工过程经过了增湿、增温和长时间的渥堆发酵处理，晒青毛茶在湿热作用和大量微生物作用下，品质发生了不可逆转的变化：首先，色泽转红转暗，引起茶汤逐渐变红；其次，由于茶叶内部高分子化合物的分解转化，释放出大量的二氧化碳、水和热量，叶细胞皱褶收缩，茶叶条索变紧变细，部分高嫩度叶条在果胶的参与下皱结为各种团块状的茶叶；再次，高分子化合物的降解转化和大量的二氧化碳、水及热量的形成，直接导致了茶叶减重（制茶消耗），减重率达15%～20%；最后，茶叶香气、滋味物质在微生物和湿热作用下发生剧烈变化，青草味等低沸点香气物质消失，陈香彰显，苦涩味减淡，逐渐形成普洱熟茶特有的茶条猪肝色、汤红褐明亮、味甘甜润滑的品质特性。

....

香气物质：茶叶香气物质是茶叶中由嗅觉感知到的有香味的物质的总称。可分为非萜烯醇类低沸点组分（VFCⅠ）和萜烯醇类高沸点组分（VFCⅡ）。其所含的化学成分不同，所表现的香型也不同，茶叶中所含香气物质的种类及其数量多少，主要受茶叶的品种和制茶方式的影响。

5. 普洱茶是怎样出名的?

普洱茶,古称"普茶",至明万历年间才定名为今之普洱茶。它的历史可以追溯到东汉时期,民间有"武侯遗种"(武侯是指三国时期的丞相诸葛亮)的传说,故普洱茶的种植利用,至少已有1700多年的历史。

普洱茶到清朝时才真正出名。《普洱府志》记载:"普洱所属六大茶山……周八百里,入山作茶者十余万人。"可知当时盛况。清雍正七年(1729年)鄂尔泰推行"改土归流"以后,云南即以普洱茶岁贡清皇朝,由思茅通判承领办送,于是名声大振,便有"普洱茶名遍天下。味最酽,京师尤重之"(清•阮福《普洱茶记》)的记载。

6. 饼茶是云南人发明的吗?

饼茶不是云南人发明的,它是中国乃至世界制茶史上历时最长、形制最古老的一种茶品形制。从它诞生到现在,已经经历了近2000年的风风雨雨。中国明代以前的各种茶叶史料记录和反映的,大多是以饼茶为主要内容的。茶圣陆羽《茶经》记录的是唐代饼茶的加工饮用;宋代的"龙团凤

改土归流:就是废除西南各少数民族地区的土司制度,改由中央政府委派流官直接进行统治,实行和内地相同的地方行政制度。狭义上指清朝雍正时期在西南地区大规模实行的废除土司制度,设立流官治理的改革。

饼"更是饼茶的极致时代……所以，饼茶这种制茶形制，不是云南人自己发明出来的。

制茶技术最早的文字记录，出现在三国时期张揖《广雅》佚文中（张揖，字稚让，北魏清河县人，在魏太和年间，227—232年曾任博士）。这是唐代以前描述茶叶加工形制的唯一史料，《广雅》云："荆巴间采茶作饼，叶老者，饼成以米膏出之。欲煮茗饮，先炙令赤色，捣末置瓷器中，以汤浇覆之，用葱、姜、橘子髡之。"

《广雅》全文仅44个字，透露的茶叶加工技术信息主要有四个方面：一是将茶叶制成饼状；二是对成熟的茶树鲜叶在制饼时添加成型剂——米汤；三是当时饼茶的产地在"荆巴"间；四是饼茶的饮用方式——"炙令赤色，捣……以汤浇覆之，用葱、姜、橘子髡之"。由此可见，有文字可考的饼茶生产历史，至今已有1800多年。

7. 为什么说普洱茶是最能代表云南历史文化的茶品？

第一，在远古先民的眼里，云南和云南民族本身就是茶和茶仪盎然的民族。今云南境内大部分地区，在西汉时属于益州郡徼外哀牢夷地，东汉属永昌郡鸠僚部，隋朝属濮部。

"炙令赤色，捣……以汤浇覆之，用葱、姜、橘子髡之"：用炭火烤，直至呈现出赤红色，然后捣碎……把热水浇在其上面，用葱、姜、橘子完全把它覆盖住。

所以古代把云南称为"濮""濮满地",云南人也叫"濮满人"。《华阳国志》载:"永昌郡,古哀牢国。""其地东西三千里,南北四千六百里。"由此可见地域之广。这些古哀牢国里的各民族到了隋朝,都被视为濮部,即"濮人"。"濮人"是今云南德昂族、佤族、布朗族等多个民族的统称。在汉字起源初期的殷商时期,人们眼里的云南民族,就是手捧一碗热气腾腾的"茶""古仪堂皇"的、"茶仪"盎然的民族。

第二,云南是世界茶树的原产地,是世界茶叶的故乡,也是中国茶叶的故乡。云南古茶树、古茶园以及茶树种质资源对世界人民日常生活的贡献,是"植物王国"里其他任何植物所不及的。

第三,云南茶和茶种质资源的传播,开创了中国乃至世界茶的物质文化和精神文化,即茶文化。尽管当今世界茶文化流派很多,但云南作为茶文化的源头是无可争议的事实。云南境内多流派、多民族的茶俗、茶礼、茶祭祀、茶图腾等,演绎着人类认识自然、亲近自然、天地人和的历史,从不同民族、民俗小小的一壶茶里,足可见证人类文明的步伐。

第四,茶的"和"、茶的"敬"、茶的"亲",使云南这个多民族杂居的地区,国泰民安、世代亲善、水乳交融。

茶 东巴文

喝茶 东巴文

众所周知，农耕时期人类进步的历史，可以说是一部与饥饿抗争的历史。民以食为天，农耕时的人类完全可能为食物爆发野蛮的掠夺和血腥的战争。茶不是食物，却在千百年的不经意间，一直扮演着和平亲善、教化文明的使者，淡泊明志时，润物细无声地促进着人类的和平与进步。

第五，普洱茶是云南无可争议的本土茶，是云南人民继承我国传统制茶技术、祖上传下来的茶叶加工方法。普洱茶中的饼茶、砖茶，既是中国道教天圆地方思想的体现，也是儒家文化中庸思想的暗诉。饼茶为"天"，砖茶为"地"，天圆地方之间演绎着中国茶道深邃的哲学思想。

所以说，普洱茶是最能代表云南历史文化的茶品。

东巴文字：一种居于西藏东部及云南省北部的少数民族纳西族所使用的兼备表意和表音成分的图画象形文字，纳西话叫"司究鲁究"，意为"木迹石迹"，即见木画木，见石画石。东巴文源于纳西族的宗教典籍兼百科全书的《东巴经》。由于这种文字由东巴（智者）掌握，故称东巴文。东巴文属于文字起源的早期形态，被誉为文字的活化石。

第二章

云南大叶种茶树及其特点

内容提要

什么是云南大叶种茶树？

云南大叶种茶树主要分布在云南的哪些地区？

多少年的茶树才算老茶树？

什么是古茶树？什么是古树茶？

什么是古茶园？它是怎样形成的？

如何看待古茶树、古茶园的价值？

1. 什么是云南大叶种茶树?

云南大叶种茶树是生长在云南的、叶面积(叶长×叶宽×0.7)≥40平方厘米、叶片侧脉≥8对的茶树品种的统称,简称"云大种"。它是我国1984年11月首批认定通过的30个国家级茶树良种之一,被全国广泛推广种植,其后代(含以云大种为亲本所繁育的后代)遍布我国华南茶区、西南茶区、江南茶区。

2. 云南大叶种茶树主要分布在云南的哪些地区?

云南茶区辽阔,有120余个县(市、区)产茶。但茶叶主产区主要分布在北纬25°以南、哀牢山以西、怒江以东、澜沧江中下游两岸地带,分为滇西、滇南、滇中和滇东北四个茶区。云南大叶种茶树集中分布在滇西、滇南两大茶区。

(1)滇西茶区:包括临沧、保山、德宏3个地区19个县(市、区)。该区为云南省最主要的产茶区,占全省茶区总面积的50.14%,茶叶产量占全省总产量的55.58%。主要产茶县(市、区)有凤庆、云县、临沧、双江、永德、镇康、沧源、昌宁、腾冲、龙陵、芒市等。在茶树适宜性规划中,滇

茶树分类:按树的大小分为乔木型、半乔木型和灌木型三种;按叶型大小分为大叶种、中叶种和小叶种三种;按进化程度分为原始型、半原始型和进化型三种。

云南大叶种

西茶区被列为最适宜云南大叶种茶树生育的地区。

（2）滇南茶区：包括普洱市、西双版纳州、红河州、文山州4个州（市），共24个县（市、区）。该区占全省茶园总面积的38.06%，占总产量的36.14%。主要产茶县（市、区）有勐海、景洪、勐腊、思茅、景谷、景东、普洱、澜沧、江城、墨江、西盟、元阳、绿春、金平等。在茶树适宜性规划中，滇南茶区被列为最适宜云南大叶种茶树生育的地区。

需要说明的是：云南滇中茶区的大理、楚雄、昆明，是一个大叶种茶树向中、小叶种茶树过渡的区域，在该区域内，大、中、小叶种茶树兼而有之。基本的分布规律是红水河、南盘江、元江、哀牢山、无量山、怒山以南一线，是大叶种茶树的集中分布区；该线以北为大叶种向中、小叶种茶树的过渡区。微域环境里的茶树究竟是否属于云南大叶种，由云南立体农业气候决定，应区别对待。

3. 多少年的茶树才算老茶树？

人们常说的"老茶树"，应是树龄在30年以上的茶树。

茶树的生命，是从一个受精卵细胞开始的，这个受精卵细胞（合子），经过1年左右的时间，在母树上生长、发育而成为一粒成熟的种子。种子播种后，经发芽、出土，成为一株茶树苗。茶树苗不断地从外界环境中吸收营养元素和能量，逐渐生长成一株根深叶茂的茶树，以至开花、结果、繁殖出新的后代，在人为或自然的条件下，逐渐趋于衰老，最终死亡。这个生育的全过程，就是茶树的一生。在茶树的一生中，根据不同时期的生长特点，分为幼苗期、幼年期、成年期、衰老期。

幼苗期是指从茶籽萌发到茶树苗出土，直至出现第一次生长休止。在云南，这一时期历时约4个月。

茶树的幼年期，是指茶树从第一次生长休止到出现第一次开花结实为止。这段时间里，茶树是营养生长，性器官还没有分化成熟，不会开花结果，故称幼年，历时4～5年。

茶树的成年期，是指从第一次开花结实到出现第一次自然更新时为止。此阶段时间较长，受人工栽培刺激的茶树为25～30年，生长条件好的时间更长。在茶树的成年期里，又可分为"青年期""壮年期"两个相对时期。成年期茶树生长最为旺盛，产量和品质都处于高峰阶段，也是最佳的经济栽培时期。

自然生长、无人看管的"荒芜""丢荒"茶树，由于受不同生育条件的影响，成年期持续时间变化很大，多则数百

合子：生物学上指有性生殖的生物雌雄配子结合后的细胞。

年，少则几十年。判断这类茶树是不是"老"了，主要依据它的生长势的强弱，观察花果数量的多少和是否在根部出现"自然更新"的现象。

所谓"自然更新"，是指茶树生理机能衰退、顶端优势减弱，甚至不能发芽，花果大量产生，在树根部位重新抽出大量的枝条（称"地刈枝""地蘖枝"），形成上、下两层树冠（俗称"两层楼茶树"）。这是茶树生理机能自我调节的结果，故称"自然更新"。

茶树出现自然更新后，即进入衰老期，经过几次反复更新，树体便渐渐趋于死亡。其持续时间受环境影响，人工种植情况下，经济生产年限一般只有40～60年；自然生长情况下，可达数百年。

所以，根据高产优质栽培理论及茶树经济栽培年龄，可以界定出人们常说的"老茶树"，应该是树龄在30年以上的茶树。

4. 什么是古茶树？什么是古树茶？

根据国家林业局2016年10月19日发布、2017年1月1日实施的《古树名木鉴定规范》[《中华人民共和国林业行业标

顶端优势：指植物的顶芽优先生长而侧芽受抑制的现象。植物在生长发育过程中，顶芽和侧芽之间有着密切的关系。顶芽旺盛生长时，会抑制侧芽生长。如果由于某种原因顶芽停止生长，一些侧芽就会迅速生长。大多数植物都有顶端优势现象，但表现的形式和程度因植物种类而异。

准》（LY/T 2737—2016）]中的定义，古树是指树龄在100年以上的树木。这里说的"树木"是广泛意义上的树木，茶树作为植物界的一份子，也包含在这个范围之内。因此，古茶树就是指树龄在100年及以上的原生地天然生长的茶树。

所谓古树茶，是从树龄100年以上的茶树上采摘下来的幼嫩新梢经加工制成的成品或半成品茶的统称。

5. 什么是古茶园？它是怎样形成的？

古茶园是指生长着树龄在100年以上具有茶园园相特征的茶树居群。它有三个显著特点：一是树龄在百年以上；二是拥有一定的数量；三是具有人工驯化的园相痕迹。

古茶园是云南茶产业的一大特色，是人类驯化栽培茶树的珍贵遗迹，是孑遗至今的宝贵的古代农业遗产。在古茶园中，往往分布着百年、数百年树龄不等的茶树，具有明显的多代重叠、世代同居的特征。常常以点穴丛栽方式，以一株或多株古茶树繁育成为一个居群，透露着自然经济条件下云南茶区"接济型经济"的远古信息，或居于山岭道旁，或人茶同居一隅。明清以后，随着经济的发展和普洱茶纳入"土贡"，刺激了集中连片茶园的形成，出现了几亩（"亩"，非法定计量单位，1亩≈666.67平方米，全书同）、几十亩甚至数百亩的大规模茶园，繁衍至今，云南全省共保留有40多万亩的古茶园，特色鲜明，蔚为大观。

6. 如何看待古茶树、古茶园的价值？

世界上现有50多个国家和地区种茶，其种子均直接或间接引自中国。中国茶树于唐代（618—907年）传到朝鲜和日本，但至今在朝鲜、日本两国未发现有千年古茶树的遗存；其他国家均在18世纪以后才开始种植茶树。所以，现存于云南省的古茶树、古茶山、古茶园，是世界上弥足珍贵的种质资源，是我国茶物质文化和精神文化的瑰宝。其价值集中体现在八大方面：科研价值、历史价值、人文价值、经济价值、生态价值、景观价值、开发价值、旅游价值。

第二章

普洱茶的加工制造

023 → 030

内容提要

作为普洱茶原料的晒青毛茶是怎样加工出来的？

七子饼茶、沱茶、砖茶是如何加工出来的？

普洱熟茶是怎样加工出来的？

1. 作为普洱茶原料的晒青毛茶是怎样加工出来的？

作为普洱茶原料的云南大叶种晒青毛茶，它的初制工艺技术组合方式为：

鲜叶 → 杀青 → 揉捻 → 干燥 （晒干）

晒青毛茶，多以一芽二叶或一芽三叶及同等嫩度的对夹叶、单片叶为采制原料。茶农制作晒青毛茶，杀青多用直径80厘米的铁锅，一次投叶2千克左右，低温焖炒至叶质柔软透清香，随即出锅摊晾。用手工在簸箕上揉捻搓条，揉成茶条后，抖散黏结的茶叶团块，薄摊在日光下晒至五成干；待茶条湿坯颜色由黄绿色转为黑绿色时，用手工进行复揉，复揉后仍需抖散黏结的茶叶团块，抖直茶条，继续在日光下晒至足干。足干后的晒青毛茶即可储藏或销售，也可进行渥堆发酵而加工成普洱熟茶。

近几年来，出现了大量的机制晒青毛茶，滚筒杀青或锅炒杀青后，经揉捻机揉捻成条，再经日光干燥而成。

揉捻：制茶工序中的一种。所谓揉捻可以理解为两个动作，揉，使茶叶成条。捻，使茶叶表面与内部细胞组织破碎，组织液附着于茶菁表面，增加黏性，有利于茶叶外形的形成。同时，利于冲泡时增加香气口感，以及让内含物质在冲泡时均匀释出。

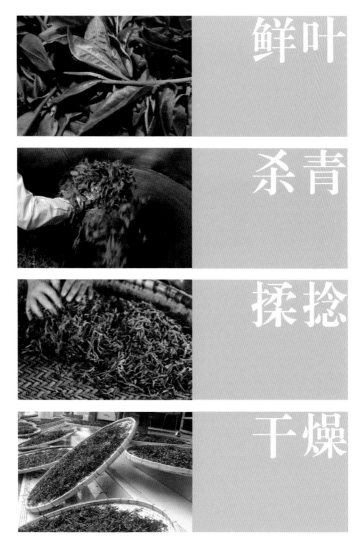

鲜叶

杀青

揉捻

干燥

云南大叶种晒青毛茶初制工艺技术

2. 七子饼茶、沱茶、砖茶是如何加工出来的？

普洱七子饼茶、沱茶、砖茶都可分为生茶和熟茶两种，它们的加工工艺流程如下。

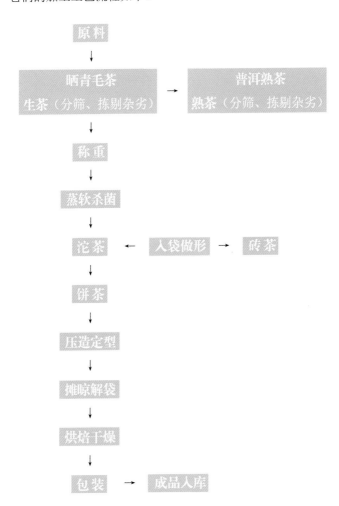

3. 普洱熟茶是怎样加工出来的？

普洱熟茶是以地理标志保护范围内云南大叶种茶树加工的晒青毛茶为原料，经潮水湿坯、渥堆发酵、开堆风干、精制加工、散茶拼合等主要工艺加工而成。

渥堆发酵后的普洱熟茶，有两个衍生方向：一是以散茶方式，分成不同的等级分别包装面市，从而分为普洱皇、宫廷普洱、特级普洱、一级至十级普洱熟茶等。二是加工成不同等级不同形制的紧压茶，分别包装面市，从而分为规格不同的饼茶、砖茶、沱茶、柱茶、龙珠等。

正在渥堆的茶叶

渥堆：普洱茶熟茶制作过程中的发酵工艺，也是决定熟茶品质的关键，是指将晒青毛茶堆放成一定高度（通常在70厘米左右）后洒水，上覆麻布，促进茶叶发酵作用的进行，使之在湿热作用下发酵24小时左右，待茶叶转化到一定的程度后，再摊开晾干。

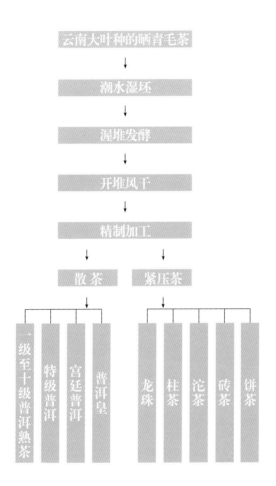

云南大叶种的晒青毛茶

↓

潮水湿坯

↓

渥堆发酵

↓

开堆风干

↓

精制加工

散 茶　　　紧压茶

一级至十级普洱熟茶　特级普洱　宫廷普洱　普洱皇　龙珠　柱茶　沱茶　砖茶　饼茶

普洱茶熟茶加工示意图

第四章

普洱茶的选购

031
↓
042

内容提要

选购普洱茶应注意哪些问题？

普洱茶不良品质表现主要有哪些？

优质普洱茶有哪些特征？

选购云南普洱茶应该以外形为主还是以内质为主？

如何选购普洱熟茶？

选购普洱紧压茶应注意哪些问题？

采用配方加工出来的普洱茶好不好？为什么？

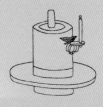

1. 选购普洱茶应注意哪些问题?

由于普洱茶是地域性和工艺性很强的茶品,选购云南普洱茶时,应注意以下五个方面。

(1)产地:普洱茶是国家地理标志保护产品,具有强烈的地域性特色。因此,您选购的云南普洱茶必须产自云南,而且是地理标志保护范围内所产的晒青毛茶加工出来的产品。云南以外的其他茶叶产地所产的、冠名"普洱茶"的,其茶品的真实性难以保证,不予选购为好。

(2)品种:普洱茶是以云南大叶种晒青毛茶为原料加工出来的茶。因此,云南大叶种茶树以外的品种加工出来的茶品不属于云南普洱茶。云南大叶种茶树主要分布于云南的滇西茶区和滇南茶区,具有"芽叶肥壮、条索粗大而不松散,滋味浓烈、苦涩回甘,叶底叶片肥厚、锯齿疏松而深"等特点,应多加甄别。

(3)采制工艺:包含两个方面:一是采摘茶青的精心程度:茶青采摘,讲究及时(茶青不老化,少黄叶)、分级(长短、大小、老嫩分清)、不沤(茶青不发热受沤)、不发红变质、无夹杂(没有茶叶以外的其他植物叶片、花果、老梗等混杂)。二是加工工艺精湛,基本的要求是:茶品条索

采茶图一　　　　　采茶图二　　　　　采茶图三

完整圆直，长短、粗细、轻重均匀，叶底色泽一致、无斑杂；紧压茶宜松紧适度、棱角清晰、无松脱；香气纯正、无不良气味污染。具备这些特质的茶品，就是好茶。

（4）先尝后买：茶叶是饮料，购买茶叶的最终目的是饮用。因此，在选择了普洱茶的外形以后，必须亲口尝试。通过感官感受，重点辨别茶品的香气、滋味、汤色、叶底等，只要茶品表现正常，即可列入选购对象。

（5）"价""值"相符：价格和价值相符是商品经济的基本规律，我们反对漫天要价，欺瞒利诱；也反对低价倾销的恶性竞争。由于审美标准、消费心理、价值取向的不同，人们对普洱茶价值的认识也是各不相同的，很难用一个具体的数字来定义。在自愿、平等的原则下，买自己喜爱的、适合自己的普洱茶最为关键。

2. 普洱茶不良品质表现主要有哪些？

普洱茶品质要素主要由外形和内质两方面构成。外形指未浸泡之前，保持自然状态的普洱茶的形态，主要从条索形状、老嫩程度、色泽特点、气味类型等进行比较鉴别。内质指开汤（冲泡）以后茶叶表现出来的品味特点。一般从香气、汤色、滋味、叶底（茶渣）四个方面进行比较。

普洱茶不良品质主要表现为：

（1）条索松散、轻薄、扁曲、刺手、断碎多。

（2）茶条芽毫少、芽叶瘦小，老嫩混杂。

（3）茶条色泽黄、枯、暗、斑杂，色不润。

（4）干嗅气味"透粗老"（干稻草味）、"熟闷气"、霉味，杂有烟、焦、馊、酸和其他杂异气味。

（5）冲泡后热嗅气味杂异、香味不纯、短滞、低闷，香气持续时间短。

（6）热看茶汤色泽浑浊、亮度差。

（7）滋味淡薄、浅而无味，恶苦、钝涩，无回甘生津。

（8）叶底（茶渣）少芽、多茶梗、色斑杂、质地硬脆、长短大小不均匀。

（9）混入非茶类杂物。

3. 优质普洱茶有哪些特征?

优质普洱茶的品质特征主要有：

（1）茶条紧结、壮实、圆直、完整（断碎少）、平整（不刺手）者为好，这是原料幼嫩、加工合理得当的表现。

（2）芽毫多、芽叶肥厚壮实者为上品，这是茶树生长茂盛，采制精细的表现。

（3）生茶色泽墨绿、均匀、油润，富有光泽。

（4）生茶透毫香、清香（花香型）、荷香、浅果香，无杂异气味者为上品。

（5）凡无污染性气味、香气纯正、持续时间长者为上品。

（6）茶汤鲜活明亮者，皆为好茶。

（7）味厚重甘甜、滑而不涩。

（8）叶底嫩而多茸毛、色嫩黄（生茶）或红褐柔软（熟茶）、匀整，无斑杂花青者，为上品。

4. 选购云南普洱茶应该以外形为主还是以内质为主？

选购云南普洱茶应坚持"以内质为主、兼顾外形"的原则，尽量避免只用眼睛买茶。普洱茶的品质要素由外形和内质两方面构成。茶叶外形是鉴别茶叶品级的主要依据，也是茶叶采摘质量、加工工艺是否合理的体现，它塑造了茶叶的外在美，给人以美的享受。但购买茶叶的最终目的是饮用，"中看"更需"中品"。很多艺术性很强的茶品在加工时需要牺牲部分品质来获得独特美观的外形，如针形茶、环茶、珠茶、龙须茶（形如笔头者）等，加工过程中茶叶在低温状态下"做形"时间长，牺牲了部分香气和汤色。因此，除追求艺术性效果的工艺茶品外，选购普洱茶应以内质为主，兼顾外形。我国大多数茶叶评比大赛里，假定参赛茶叶的总分是100分的话，一般把总分的30%分给外形，70%则留给茶叶的内在品质，即内质，二者之和才是参赛茶叶的最终得分，得分的高低，就是比赛茶叶的座次。由此可见，茶叶是追求内外兼修的，更多的还是它的内在品质。

5. 如何选购普洱熟茶?

普洱熟茶，即经过人工发酵的普洱茶。普洱熟茶最大的特点是陈香高远、色红褐、茶汤红浓明亮、滋味醇厚甘滑；最忌讳"酸、麻、辣、挂"。这些特点都是茶品内在品质的表现。选购普洱熟茶时，除对比茶品的外形外，购买的注意力重点应放在内在品质的鉴别上。目前市场上销售的普洱熟茶散茶有：

（1）普洱皇：单芽类茶，全部为金黄色的芽头组成。采摘单芽制作，芽头肥壮，原料较难获得，是极为名贵的茶中珍品。内质汤色红褐明亮，香气馥郁，滋味醇厚回甘，叶底柔嫩、匀亮。

（2）普洱金芽：单芽类茶，是茶叶精制过程中分筛、精选出来的单芽茶。芽叶锋苗紧细秀丽，色泽褐红。内质汤色红褐明亮，香气馥郁持久，滋味浓醇回甘，叶底细嫩、匀亮。

（3）宫廷普洱：外形条索紧细，金毫显露，色泽褐红（或棕红）光润；内质汤色红浓明亮，陈香浓郁，透槟榔香、桂圆香、参香、枣香等，滋味浓醇回甘，叶底褐红细嫩、匀亮。

（4）普洱礼茶：外形条索紧直秀丽，锋苗完整，金毫显露，嫩度接近宫廷普洱，稍秀长（属宫廷普洱之长身茶）。内质汤色红浓亮，陈香浓郁，滋味浓醇，叶底褐红细匀。

（5）特级普洱：外形条索紧细，金毫显露。内质汤色红浓亮，陈香浓郁，滋味浓醇，叶底褐红细嫩。

（6）一级普洱：外形条索紧结肥嫩，金毫显。内质汤色红浓亮，陈香浓纯，滋味浓醇，叶底褐红肥嫩。

（7）三级普洱：外形条索紧结，尚显毫。内质汤色红浓明亮，陈香浓纯，滋味醇厚，叶底褐红柔软。

（8）五级普洱：外形条索紧实，略显毫。内质汤色褐红，陈香纯正，滋味醇和，叶底褐红欠匀。

（9）七级普洱：外形条索肥壮，紧实。内质汤色褐红，陈香纯和，滋味醇和，叶底褐红欠匀。

（10）八级普洱：外形条索粗壮，尚紧实。内质汤色深红，陈香纯和，滋味醇和，叶底褐红欠匀。

（11）九级普洱：外形条索粗大、松散，色泽褐红。内质汤色深红，陈香纯和，滋味平和甘甜，叶底褐红欠匀，较硬。

（12）十级普洱：外形条索粗大松散，色泽枯褐红、稍花杂。内质汤色深红，陈香平和带粗老，滋味平和甘甜，叶底褐红，粗硬。

（13）普洱团茶：形如团块状，条索嫩度较高，色金黄或褐红。内质汤色红褐明亮，陈香浓纯，滋味醇厚、叶底褐红柔软。是熟茶发酵中，由于茶叶内部高分子化合物的分解转化，释放出大量的二氧化碳、水和热量，叶细胞皱褶收缩，部分高嫩度芽条在果胶的参与下皱结成的团块状茶叶，又称"茶头"，品质较好。

6. 选购普洱紧压茶应注意哪些问题？

普洱紧压茶主要有饼茶、沱茶、砖茶等。选购这类茶叶时：首先，要辨明紧压茶的原料配方，分清是复方茶（两种或两种以上原料搭配加工的紧压茶）还是单方茶（只使用一种原料加工的紧压茶）。采用配方加工的紧压茶，并不一定就是不好的茶；单方加工的紧压茶也未必全是优质茶。其次，从紧压茶的外形上辨析茶品的优劣。选购配方加工的紧压茶时，主要要观察面茶、里茶（又叫肚茶、包心）、底茶三种茶叶的质量。面茶是洒在紧压茶表面的茶，一般品质较好，级别也较高；里茶是包裹在紧压茶里面的茶，故又称为肚茶、包心，品质较次；底茶是紧压茶底部的茶，品质优于里茶而次于面茶。通过考察整个（饼、砖、沱）外形的匀整度、松紧度和洒面茶三个因子，基本确定茶的品级。匀整度是看茶的形态是否端正、棱角是否整齐、压模纹理是否清晰；松紧度是看茶的松紧、厚薄、大小是否一致，松紧、厚度是否适度；洒面主要看是否有包心茶外露、起层、落面，洒面是否均匀等。在此基础上，再将整个（饼、砖、沱）茶分开，检视里茶品质好坏、嫩度、含梗量以及有无霉烂、夹杂物等情况。对于不分里茶和面茶的单方茶，只要茶品形态端正、棱角整齐、模纹清晰、无起层落面、松紧适度、厚薄大小一致、原料嫩度高、条索均匀一致、无杂即为好的茶品。最后，从内质上鉴别紧压茶的好坏。评定紧压茶内质好坏与普洱散茶的鉴别方法相同，主要从香气、滋味、汤色、

普洱紧压茶一　　　　　普洱紧压茶二　　　　　普洱紧压茶三

叶底四个方面进行比较鉴别。因紧压茶经高温蒸压，再干燥时间长，应特别注意茶品是否带有馊、酸、霉、沤等气味，凡被污染而产生杂异气味的，建议您最好不要选购。

7. 采用配方加工出来的普洱茶好不好？为什么？

采用配方加工普洱紧压茶，是制茶工业的传统技术，配方的好坏，不是一个简单定性的问题，一般来说，如果配方好，往往是获得好的茶品的保证。这是因为：茶叶配方是靠拼配来的。茶叶拼配的目的主要有三个：一是发挥原料的最大经济价值；二是调整品质，避免品质单一，提高茶品的综合性；三是稳定产品质量，避免不同产地、不同季节、不同批次茶叶的质量波动，使全年茶品质量稳定。由此可见，茶叶拼配是一门技术，好的配方应该实现以上目标，按照这样的配方加工出来的紧压茶，品质当然也是非常理想的。

第五章

普 洱 茶 的 冲 泡

043
↓
054

内容提要

冲泡普洱茶和其他茶叶有什么不同？

冲泡普洱茶对用水有哪些基本要求？

自然界水源众多，哪些是普洱茶理想的泡茶用水？

冲泡普洱茶的水温应如何把握？

哪一类型的普洱茶适合煎煮？为什么？

冲泡普洱茶时，如何把握茶、水比例？

适合冲泡普洱茶的茶具主要有哪些？

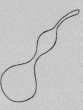

1. 冲泡普洱茶和其他茶叶有什么不同？

普洱茶的冲泡和其它茶类基本一样，都有选茶、备具、择水、投茶、冲泡、分茶等过程。所不同的是，普洱茶是后发酵茶，冲泡时，更强调高温洗茶和高温冲泡。

一般茶叶冲泡，不需要经过特别的处理，"上有水膜如黑云母，饮之则其味不正"，只要把漂浮于茶汤表面的沫饽除去就可以了。普洱茶则不同，无论生茶还是熟茶，普洱茶的加工，从鲜叶杀青、揉捻、日光干燥制成生茶，压制成型或作为原料茶渥堆发酵、反复翻堆至晾干。在微生物的作用下，普洱熟茶在获得了良好的、其他茶类所没有的品质的同时，其加工的工艺里，没有任何一道工艺是通过高温杀菌的。也就是说，普洱熟茶特殊品质形成的同时，有益微生物和有害微生物常常伴生在一起，互为颉颃、相互作用。尤其在阴雨连绵的天气情况下，微生物容易繁育，一些经过湿仓（仓库环境较潮湿）处理的茶品，易滋生有害霉菌，不利于人体健康。所以，普洱熟茶冲泡时，更强调高温洗茶（1～2次）、高温冲泡。有条件的，还可经过其他方法（如熏蒸），进行高温杀菌，杜绝健康隐患。

另外，普洱茶是云南大叶种加工的茶品，其芽叶肥壮，

后发酵茶：绿茶类为不发酵茶，如龙井、碧螺春等。青茶类为半发酵茶，如白茶、铁观音等轻发酵茶，乌龙茶等重发酵茶。红茶类为全发酵茶。黑茶类为后发酵茶。普洱茶生茶的前加工属于不发酵茶类的做法。普洱茶熟茶则再经渥堆后发酵制成。

叶质肥厚，较中、小叶种茶叶更耐高温冲泡。所以，普洱茶冲泡时，高温洗茶、高温冲泡，不仅是有利健康的，也是科学合理的冲泡方法。

2. 冲泡普洱茶对用水有哪些基本要求？

水为茶之母，任何茶叶，都必须经过水的浸泡后才能品尝出它的优劣。明代张大复在《梅花草堂笔谈》中说："茶性必发于水，八分之茶，遇十分之水，茶亦十分矣；八分之水，试十分之茶，茶只八分耳。"茶艺对水的要求是十分讲究的，如果连水都不懂，是谈不上茶艺的。当然，日常茶事，客来敬茶，大可不必故弄玄虚地把水说得神乎其神，清洁卫生就行。现代科学对生活用水水质的要求标准，主要包含以下四项指标。

第一项为感官指标：要求饮用水色度不超过15度，不得呈现其他异色；浑浊度不得超过5度；不得有异臭、异味，不得含有肉眼可见物。

第二项为化学指标：pH为6.5～8.5，总硬度不高于25度，要求氧化钙含量不超过250毫克/升，铁不超过0.3毫克/升，锰不超过0.1毫克/升，铜不超过1.0毫克/升，锌

感官指标
化学指标
毒理学指标　　→四项达标→一杯安全的好水
细菌指标

不超过1.0毫克/升，挥发酚类不超过0.002毫克/升，阴离子合成洗涤剂不超过0.3毫克/升。

第三项为毒理学指标：氟化物含量不超过1.0毫克/升，适宜浓度在0.5～1.0毫克/升，氰化物不超过0.05毫克/升，砷不超过0.04毫克/升，镉不超过0.01毫克/升，铬（六价）不超过0.5毫克/升，铅不超过0.1毫克/升。

第四项为细菌指标：细菌总数在1毫升水中不得超过100个，大肠杆菌在1升水中不超过3个。

目前城市生活用水，自来水多是通过净化后的天然水，其卫生指标基本都能达到上述要求。各种处理后的矿泉水、纯净水、天然水等，其是否适合用于冲泡茶叶，可根据前述卫生标准对照相关水产品说明书进行判定。

3. 自然界水源众多，哪些是普洱茶理想的泡茶用水？

选择冲泡普洱茶用水，和冲泡其他茶叶的选用水方法是一致的。总结古人鉴水经验，适合冲泡普洱茶的自然之水，可归纳为"清""轻""甘""活""冽"五要诀。

第一，水质要"清"。水之清的表现是："朗也、静也、澄水貌也。"水质清洁、无色、透明、无沉淀物才能显

出茶的本色，清明不淆之水，称为"宜茶灵水"。

第二，水体要"轻"。这是以乾隆帝为代表的"以水的轻重"来辨别水质的择水经验。可取一器皿，盛满水，观察水面弧形凸起，旋即取一小枚硬币平放于水面，凡弧面高凸，硬币沉浮慢者，为好水。

第三，水味要"甘"。田艺蘅在《煮泉小品》中写道："甘，美也；香，芳也。""味美者曰甘泉，气芳者曰香泉。""泉惟甘香，故能养人。""凡水泉不甘，能损茶味。"用现代语言来说，就是水要甜。水一入口，舌尖顷刻便会有甜甜的感觉。用这样的水泡茶，何愁茶味不甘？

第四，水源要"活"。"流水不腐，户枢不蠹。"泉水不活，食之有害。茶圣陆羽亦认为"其山水，拣乳泉、石池慢流者上"（《茶经·五之煮》），主张选取经过石池沉淀过的流速缓慢的"乳泉"（碳酸岩里浸透出来的渗透水）。现代科学证明：活水中细菌不易大量繁殖，同时活水中氧气和二氧化碳等气体含量较高，沏茶滋味鲜爽。

第五，水温要"冽"。明代茶人认为"泉不难于清，而难于寒""冽则茶味独全"。寒冽之水，多出于地层深处的矿脉之中，经渗透过滤，杂质污染少，浸泡的茶汤滋味纯正。被古人誉为"天泉"的雨水和雪水，均属软水，也是沏

明代徐文长书，卢仝《煎茶七类》中论煮茶水火。

茶的好水，很久以前就被用来煮茶。特别是雪水，更是备受饮茶爱好者的重视。唐代白居易"融雪煎香茗"、宋代辛弃疾"细写茶经煮香雪"、清代曹雪芹《红楼梦》"贾宝玉品茗栊翠庵"里妙玉所用的"梅花上的雪"……"敲冰煮茶""扫雪煎茶""收天落之雨沏茶"，都是郊游茶人的情趣雅事。需要注意的是："敲"洁净之冰，"扫"剔透之雪，"收"清轻之雨，茶味自妙。

4. 冲泡普洱茶的水温应如何把握？

确定沏茶用水后，茶叶"真味"的释放，依赖于水温高低，普洱茶的冲泡，较一般茶叶水温要求高，有的书籍和文章里，甚至主张用100℃的水来冲泡普洱茶。其实，冲泡普洱茶的水温，并非越高越好。我们主张普洱茶高温洗茶、高温冲泡，是从高温杀菌的卫生角度提出来的。普洱茶冲泡最讲究"嫩叶温泡，老叶烫泡"的冲泡原则。幼嫩的芽叶，表皮细胞角质层、蜡质层都比较薄，容易遭破坏而使细胞壁破裂，细胞液溢出，浸泡叶营养物质分解转化快。因此，冲泡幼嫩的普洱茶，水温应适当低一些，一般掌握在80～85℃为好；相反地，较粗老原料加工的普洱茶，表皮细胞角质层、

选茶 →

备具 →

择水 →

蜡质层都比较厚实，细胞壁不易破裂，细胞液溢出少，浸泡叶营养物质分解转化慢，宜高温冲泡，水温控制在90～100℃为宜。

以一芽三、四叶或含梗量大的原料加工出来的普洱茶，除采用高温（沸腾水）冲泡外，也可以沸水煎煮。即煮即饮，别有风味。

5. 哪一类型的普洱茶适煎煮？为什么？

以一芽三、四叶或含梗量大的原料加工出来的普洱茶较适合煎煮。这是因为嫩度低的鲜叶和较粗老的原料内含物少而单调，通常是糖类、果胶、淀粉、粗纤维等含量较高，蛋白质、氨基酸、咖啡碱、多酚类等含量较少，常温冲泡滋味成分不够协调，常显得淡薄、粗淡或粗涩，因此较适宜采用煎煮的方式。一些低档普洱茶（如八级、九级、十级等）可以先行冲泡后再煎煮。由于它们的糖分含量较高，茶汤比较甘甜，加之煎煮中氨基酸等鲜爽物质溢出，常出现浓浓的"蘑菇香"，且香气浓淡和鲜爽甘滑程度随煎煮次数发生微妙变化，别有一番情趣。这一特点在长时间干仓（仓库环境较干燥）普洱熟茶中表现得尤为明显，一般经过冲泡后的云

投茶 →　　　　　冲泡 →　　　　　　　　分茶

南普洱茶，可经受3～4次煎煮饮用。

以煎煮的方式饮茶，历史悠久，我国宋代以前的茶叶，几乎都是煎煮的。陆羽在《茶经•五之煮》中专门介绍了饼茶在唐代时的煎煮方法；煮茶方法曾深受当时诗人元稹、白居易、陆龟蒙、皮日休等人的赞赏，写了不少关于煮茶的诗。到了宋代，唐代及其以前的"以末就茶镬"的煮茶方法逐渐演变为"汤就茶瓯瀹之"的点泡茶，煮茶慢慢地退出了历史舞台，仅在西北、西南少数民族地区保留下来。以煎煮法享用普洱茶，是一件古韵悠然的趣事，君可一试！

唐人煮茶：唐代阎立本《萧翼赚兰亭图》左下方的煮茶图。绢本设色，274毫米×647毫米，中国台北故宫博物院藏。

6. 冲泡普洱茶时，如何把握茶、水比例？

茶、水比例，即茶和泡茶用水之间的比例关系。鉴别茶叶时，用茶量和冲泡水量的多少，对茶汤滋味的浓淡和液层厚薄影响很大。用茶量多而水少，茶叶难以泡开，且茶汤滋味过分浓厚；反之，茶少水多，滋味就会淡薄。茶、水比例的任何变化，都会引起茶汤香气、滋味、汤色的改变，使辨别评定茶叶品质优劣时产生误差。公正评价茶叶品质的优劣，必须统一茶、水比例。

普洱茶原料茶常规冲泡时，茶、水比例一般以1：50为宜，即1克茶叶用50毫升水。常以5克茶叶、250毫升水，浸泡3分钟后进行开汤审评。

普洱茶常规冲泡情况下，茶、水比例一般以1：50为宜，即1克茶叶用50毫升水。常以3克茶叶、150毫升水，浸泡5分钟后进行开汤审评。

如煎煮普洱茶，茶、水比例一般以1：80为宜，即1克茶叶用80毫升水煮沸。常用5克茶叶，加水400毫升，浸煮3分钟后，开汤审评。

生活或工作中冲泡普洱茶，茶、水比例如何把握，因人而异：老年人、妇女、儿童，饮茶不宜过浓，应是茶少水

镬：音huò，第四声，名词，古代煮肉、鱼的无足鼎，也指锅。
瓯：音ōu，第一声，名词，小盆、小碗、小杯一类的器皿。
瀹：音yuè，第四声，动词，烹煮之意。

多；遇嗜茶者，可茶多水少，此不一而足，彼灵活掌握。

7. 适合冲泡普洱茶的茶具主要有哪些?

　　适合冲泡普洱茶的茶具很多。人类自饮茶以来，可供饮茶之用的器皿，按质地划分有26大类：石器、木器、土器、瓦器、竹器、陶器、瓷器、金器、银器、玉器、玛瑙、铜器、锡器、铁器、锑器、铝器、紫砂、搪瓷、玻璃、塑料、漆器、纸器、螺贝等。这些质地的茶具，都可以用来冲泡云南普洱茶。金器、银器、玉器、玛瑙等茶具，高贵华丽，非一般爱茶者所能及。其余茶具，以紫砂、陶器、瓷器、玻璃器皿等冲泡茶叶为好，铁器、纸器和塑料器皿最差。

　　冲泡高嫩度的普洱茶，以透气性较好的茶具为好，它们是：盖碗、紫砂薄胎壶、玻璃茶具等，水容量较少为好。

　　冲泡原料较为粗老的普洱茶，以保温性较好的茶具为好，它们是：陶器、瓷器、紫砂厚壁壶等，容水量稍多为好。

　　煎煮粗老原料加工的普洱茶，以耐高温煅烧的土器、瓦器、铜器、锡器、锑器、铝器等为好。

第六章

普洱茶的存放与保管

内容提要

普洱茶适宜存放在怎样的环境里？

普洱生茶和熟茶能否混合存放？

采用『湿仓』能否加快普洱茶的陈化？

用什么容器存放普洱茶比较好？

雨季过后如何处理受潮的家藏普洱茶？

1. 普洱茶适宜存放在怎样的环境里？

普洱茶的存放与其他茶叶的存放有着本质的区别。绝大多数茶叶的收藏都追求保鲜，以防止茶叶氧化，保鲜成为一切措施的出发点和目的。普洱茶则不同，唯恐其鲜，追求的是加速茶叶陈化，越陈越好，越陈越香。因此，保持储藏环境的通风透光、提供必要的温湿度、防止污染，是普洱茶保存中始终应注意的问题。

就一般家庭来说，最好将普洱茶存放在临窗的阳台附近，早晚开窗，保持空气清新和对流，这有利于茶叶与空气中的氧结合，发生非酶促自动氧化而加速陈化。

透光保存，是指在自然光下保存普洱茶。但不能将茶叶直接暴露在阳光下，也应尽量避免黑暗的坏境。光线能使叶绿素发生光敏氧化降解，使茶叶色泽褐变。光线和空气的作用使茶叶加速陈化，逐渐形成普洱茶"汤色红浓、滋味甘醇、越陈越香"的品质特点。

众所周知，微生物的繁育需要在一定的温湿度条件下才能快速进行。普洱茶的陈化过程，其实是一个氧化的过程，茶多酚氧化酶的活性在20～40℃的范围内，随温度升高而增强；超过此温度，酶活性反而随温度升高而减弱。微生物

非酶促自动氧化：茶叶的发酵主要是由茶叶本身含有的可氧化物质进行氧化的过程，其中有酶促氧化和非酶促氧化。如果氧化过程是在酶的催化作用下进行的，称为酶促氧化；如果氧化是在常温下进行，不靠酶的作用而为空气中的氧所氧化，就是非酶促氧化或自动氧化。

的活性也有随温湿度升高而加剧的特点，但温度过高，会导致酶活性钝化；湿度过大，茶叶容易发霉而影响饮用价值。最好能将普洱茶的含水量控制在8%～10%，储藏温度控制在20～25℃。

存放普洱茶的环境一定不能有任何污染。由于普洱茶含有萜烯类化合物和高分子棕榈酸，能很快吸收其他物质的气味而掩盖或改变茶叶本来的气味。所以，家庭储藏普洱茶，应严格防止油烟、化妆品、药物、卫生球、香料物（如空气清新剂、灭蚊片）等常见气味以及人体本身的"体味"的污染。有条件的家庭，最好设有专门的藏茶室，亦可将阳台等次生活空间改造为储茶台、储茶柜。

2. 普洱生茶和熟茶能否混合存放?

普洱生茶和普洱熟茶是品质风格截然不同的两种茶品，严禁将普洱生茶和普洱熟茶混合存放在一起。这是因为：

普洱生茶和普洱熟茶的香气类型不同，都有随着储藏时间的变化而变化的特点。普洱生茶多为毫香、荷香、清香、糖香……普洱熟茶多为参香、豆香、陈香、熟糖香、枣香等，由于香气类型不同，如将普洱生茶和普洱熟茶混合存

萜烯类化合物：一类有机化合物，一般把由异戊二烯单位组成的化合物称为萜烯类化合物。

放，香气物质必然会被交叉吸附，相互掩盖或改变，难以获得纯正自然的香气，使茶品"四不像"而降低收藏价值。

普洱生茶和普洱熟茶的叶底（茶渣）颜色不同，生茶叶底颜色随储藏时间加深，发生由嫩绿→嫩黄→杏黄→暗黄→黄褐→红褐的变化。而发酵程度较好的普洱熟茶，叶底颜色一般都呈猪肝色，并随储藏年份的增加逐渐向暗褐色转化。如果将普洱生茶和普洱熟茶混合存放，散落的茶叶容易混杂在一起，既使叶底花杂，也影响储藏茶叶的价值。因此，应分类储藏，严格禁止将普洱生茶和普洱熟茶混合存放在一起。

3. 采用湿仓能否加快普洱茶的陈化？

湿仓确实有加速普洱茶陈化的作用。普洱茶的陈化过程，其实是一个氧化的过程。储藏期间的普洱茶氧化无外乎自动氧化、酶促氧化和在微生物作用下的氧化三个类型。只有三种氧化同时作用于普洱茶，才能获得快捷的陈化效果。在一定的温度、湿度作用下，微生物大量繁殖滋生，高分子化合物逐渐分解、聚合、转化，有益于微生物的繁育，有利于普洱茶的甘甜、醇和滋味的形成。但是，长时间储藏于湿

高分子棕榈酸：棕榈酸是一种可以在植物和动物中发现的饱和脂肪酸类型，它在棕榈油和棕榈仁油中的含量最高。此外，还可以在黄油、奶酪和牛奶中发现这种物质。

仓环境里的普洱茶，茶叶容易发霉而产生浓烈的刺鼻性霉味；发霉严重的普洱茶，有"挂喉""叮喉"或"锁喉"感，使人不悦。因此，湿仓可以作为加速普洱茶储藏陈化的一种措施，但不宜将普洱茶长时间存放在高湿度的环境里。可以运用干仓及时阻止湿仓环境下的普洱茶霉变，发展普洱茶的纯正香气，二者互为措施，方能取得良好的转化效果。

4. 用什么容器存放普洱茶比较好？

收藏普洱茶的容器，首先强调的是无异味、无污染。就质地而言，收藏普洱茶的容器类型很多：土器、瓦器、木器、竹器、石器、陶器、瓷器、紫砂、玻璃、纸质等都可选择。金属、搪瓷等容器密度高、透气性差，如不解决透气性问题，不利于普洱茶的陈化；塑料容器容易散发塑料味而污染茶叶，不宜作为储藏普洱茶的容器。

选择普洱茶储藏容器时，应尽量注意容器的透气性，透气性好的容器较为理想，藏品陈化速度快；反之，密度大、质地坚硬的容器，透气性差，不利于普洱茶的陈化。

普洱茶的存放容器

5. 雨季过后如何处理受潮的家藏普洱茶?

储藏中的普洱茶,雨季过后常常出现受潮、霉变、沾染异味等现象,必须及时进行干燥处理。

据试验,把相当干燥的茶叶露置于室内,经过一天,茶叶的含水量可达7%左右;露置五六天后,则可上升到15%以上。在阴雨的天气里,每露置一小时,含水量就会增加1%。在气温较高、适合微生物活动的季节里,如果茶叶含水量超过10%,茶叶就会发霉。如在高温多雨的环境中,很多家庭收藏的普洱茶都会出现不同程度的受潮、霉变现象,甚至因室内空气湿度大,室内气味消散慢而使茶叶沾染异味。因此,当遭遇高温多雨天气时,应特别注意观察藏品的变化,防止霉变。除增加储藏室的通风透光,加速空气流通,尽量降低室内温度外,对于受潮尚未发生霉变的普洱茶,应及时转移到干燥的环境里存放;对于已经发生霉变的普洱茶,应设法进行晾晒、烘烤、焙干等干燥处理。处理后的藏品,应转移到阴凉干燥的环境里储藏。

普洱茶是神秘的生物食品,微生物繁育的结果对储藏的茶品未必就是毁灭性的破坏,有的甚至有利于茶品朝着优质的方向转化,应区别对待。微霜状的白霉,在普洱茶里有

普洱茶的白霜:普洱茶的后期陈化(包括生茶和熟茶)主要来自微生物的作用,在这个过程中会形成白霜,是微生物的遗留物,这是普洱茶发酵的结果。

"贵族之霉"的美誉，经干燥退霜处理一段时间后，茶品滋味的醇和、甘滑度明显增强。黄色的金花霉数量的多少，历史上曾作为老青茶品质鉴定的重要指标，数量多者为优质茶品。但黑色的霉变似对茶品有不利影响，个中奥秘有待进一步研究。

需要申明的是，对于发生霉变的普洱茶，笔者仍持谨慎态度，以倡导食品卫生的安全性为原则，切勿草率饮用。

....

金花霉：金花霉，学名"冠突散囊菌"，是对人有益的酵素类菌。金花能分泌淀粉酶和氧化酶，可催化茶叶中的蛋白质、淀粉转化为单糖，催化多酚类化合物氧化，转化成对人体有益的物质，使茶叶的口感等特性得到提高和优化。培植冠突散囊菌群落，需要极独特的加工工艺才能做到。

第七章

普洱茶投资与收藏

内容提要

如何规避普洱茶的投资风险？

普洱茶的陈化原理是什么？

收藏哪一类型的普洱茶才能保值、增值？

普洱茶收藏过程中应注意哪些问题？

1. 如何规避普洱茶的投资风险?

有效规避普洱茶的投资风险,使收藏行为富有成效,最关键的是要把好选购关。只有藏品选得好,才会有增值变现的机会,就如同把资金投向"成长股"一样,效果可想而知。因此,收藏爱好者应对所投资的茶品进行必要的分析、研究、判断。尽量做到:

(1)收藏优质茶品:普洱茶增值的前提是藏品品质得到广泛认可,所以,先天基础不足的茶品就不值得收藏。如已经购进,应尽快"减仓"销售,防止资金无效沉淀。

(2)避免跟风和轻信误导:为控制投资成本,尽可能在真正懂茶的朋友的指导下,理智购买藏品。

(3)选名牌或有特殊文化内涵的茶品收藏:选择目前就有一定品牌效应的普洱茶进行收藏,若干年后,它被公认的可能性远大于毫无名气的杂牌产品,藏品容易增值。不去选择没有商标、没有生产厂家、没有产品标识的三无产品。

此外,注意收藏富有特殊文化内涵,产品卖点、亮点多的茶品。一些暂时不抢眼的小企业、小品牌,它们极有可能就是"成长股",若干年后有可能成长为著名品牌,对于这类茶品,藏家应予以特别关注。

（4）多品种收藏：普洱茶投资风险之一，就是"同质同类茶品多，藏品趋同而泛滥，缺乏个性，增值空间小"。因此，收藏普洱茶，不应是"一刀切""一家春"，不要把鸡蛋放到一个篮子里，应把握百花齐放春满园的多样性收藏原则，做到收藏品种的多样性。

（5）注意藏品"证据"的收集：珍藏普洱茶，犹如收集一部历史，要有证据证明它的年份、历史、产地、品种、品质特点等。注意"证据"的收集，是茶叶收藏爱好者应该关注的问题。中国是个讲求美食文化的国家，普洱茶是侨销茶，华侨大都有讲求美食的习惯；欧盟国家，喜欢讲证据，讲求理智消费。若干年以后，普洱茶的消费必然越来越精明，珍藏茶品的证据多寡，对于变现增值至关重要，所以应注意藏品证据的收集。

（6）严禁收藏茶品受到污染：普洱茶的"越陈越香"，需要以时间为代价，茶叶中含有萜烯类化合物和高分子棕榈酸，能在几小时内，很快地吸收其他物质的气味而改变或掩盖茶叶的本来气味，使茶叶受到污染。轻则使人不快，重则无法饮用，使珍藏的普洱茶变成废物，长时间的储藏，一定要严防茶叶受到污染。

2. 普洱茶的陈化原理是什么？

普洱生茶陈化的原理，是茶叶中的茶多酚在一定的温度、湿度条件下，与空气中的氧接触，发生非酶促自动氧化，进而与其他物质聚合，形成黄褐色聚合物，使普洱茶汤色逐渐加深，直至变为黄褐色的过程；茶叶的鲜爽物质氨基酸遇到空气里的氧以后，逐渐氧化、降解和转化，或与茶多酚的氧化产物结合形成暗色聚合物，抗坏血酸氧化使干茶和茶汤色泽褐变；芳香化合物含量显著下降，同时产生丙醛、2，4-庚二烯醛、辛二烯醛、戊烯醇等，使茶叶鲜味消失，陈香显露，叶底转暗，汤色红褐；多酚类物质的氧化，苦涩物质减少，滋味逐渐趋于醇和；茶黄素、茶红素在储藏过程中发生氧化、聚合后，使非透析性的高聚合物（茶褐素）积累，茶汤红褐；叶绿素发生光敏氧化降解，使茶叶色泽显著褐变，逐渐形成普洱茶越陈越香、红褐明亮的品质特点。

3. 收藏哪一类型的普洱茶才能保值、增值？

要实现普洱茶的保值、增值，最关键的是要把握"茶品的优质性"原则。只有优质茶品，才有可能得到广泛的认可。就

茶多酚：茶叶中多酚类物质的总称，为白色不定形粉末，易溶于水和有机溶液，味苦涩，其主体成分是儿茶素及其衍生物。茶多酚是决定茶叶色、香、味及功效的主要成分，具有抗氧化、防辐射、抗衰老、降血脂、降血糖、抑菌抑酶等多种生理活性。

茶叶本身而言，优质普洱茶品必须具备以下六个条件。

（1）必须是以云南大叶种优质晒青毛茶原料加工的茶品（中、小叶种原料加工的茶品，滋味淡薄，耐储性差；非晒青原料加工的茶品，如烘青、炒青茶等，转化慢、周期长且有赝品之嫌）。

（2）原料无缺陷，无杂质，无病斑虫叶（芽叶瘦薄、身骨轻飘、色泽暗淡、叶底皱折、病斑虫叶等，均是茶树机体衰弱、少营养、采摘粗糙、多病虫感染的表现）。

（3）加工工艺精湛，无"烟""焦""馊""酸"等杂气污染，无"八病"之嫌。

（4）有一定品牌知名度或有特殊文化内涵的茶品，具备较大的升值空间。

（5）有特殊标识性的小地域茶品，它们极有可能是稀有茶品，应高度关注，但应注意其必须具有标识度和指向性。

（6）一些小产区产品，极有可能因占据地理优势，生产出富有特殊文化内涵、产品有卖点、有亮点的茶品。

4. 普洱茶收藏过程中应注意哪些问题?

保持通风透光、防止污染和提供必要的温度、湿度环境,是收藏普洱茶应采取的主要措施。

(1)保持通风透光:良好的通风能有效加速茶叶与空气中的氧结合,使茶叶发生非酶促自动氧化;光线能使叶绿素发生光敏氧化降解,使茶叶色泽显著褐变。光线和空气流动的作用使茶叶陈化加速,逐渐形成普洱茶"汤色红浓、滋味甘醇"的品质特点。因此,不宜把普洱茶储藏在黑暗、密闭的环境里。需要说明的是,这里所说的光线,不是将茶叶直接置于阳光照射之下,阳光直射会使普洱茶出现"日晒味"而影响滋味,应在自然光下储藏。

(2)防止茶叶污染:由于普洱茶含有萜烯类化合物和高分子棕榈酸,能很快吸收其他物质的气味而掩盖或改变茶叶本来的气味。所以,家庭储藏普洱茶,应严格防止家庭油烟、化装品、药物、卫生球、香料物(如鲜花、空气清新剂、灭蚊香片)等常见气味以及人的体味的污染。有条件的家庭,最好能有专门的储藏室,亦可将阳台等次生活空间改造为储茶台、储茶柜等。

(3)保持适当温度:温度能加速普洱茶的自动氧化、

普洱茶的仓储

多酚氧化和在微生物作用下的酶促氧化。多酚氧化酶的活性在20～40℃的范围内，随温度升高而增强；超过此温度，酶活性反而随温度升高而减弱。微生物的活性也有随温度升高而加剧的特点，但温度过高，就会导致高温抑菌。因此，保持普洱茶储藏温度在20～25℃，较有利于茶品的快速陈化。

（4）保持适当湿度：普洱茶的陈化过程，其实就是一个氧化的过程。储藏期间的普洱茶氧化无外乎自动氧化、多酚氧化和在微生物作用下的酶促氧化三个类型。只有三种氧化同时作用于普洱茶，才能获得快速的陈化效果。因此，必要的湿度环境是普洱茶收藏必不可少的条件。但是，普洱茶储藏中，保持储藏环境的适当湿度，并不是空气湿度越高越好。在气温较高的季节里，当茶叶含水量超过10%，就很容易发霉而影响饮用价值；在气温较低的季节里，长时间的低温高湿，易使茶叶发沤，出现馊味。家庭储藏普洱茶，茶叶含水量宜控制在8%～10%。

第八章

普洱茶的鉴赏

内容提要

辨别普洱茶的香气有哪些方法和技巧？

如何辨别普洱生茶的香气类型？

如何辨别普洱熟茶的香气类型？

如何根据普洱生茶的汤色分析茶叶品质优劣？

如何根据普洱熟茶的汤色分析茶叶品质优劣？

『冷后浑』的茶汤是怎么回事？

品评普洱茶的滋味有哪些技巧？

带有苦涩味的普洱茶都是不好的吗？

如何根据叶底（茶渣）辨别普洱茶质量的好坏？

1. 辨别普洱茶的香气有哪些方法和技巧?

　　辨别茶叶的香气,是靠嗅觉来完成。主要通过浸泡茶叶、使其内含的芳香物质得到挥发,刺激鼻腔嗅觉神经进行识别。有干嗅茶香和湿嗅叶底两种方法。

　　干嗅茶香,是对未浸泡的茶叶进行香气辨别。其方法是双手(或单手)握住茶叶,靠近鼻腔细细嗅香,如遇香气低淡无法嗅到茶香时,可用加热方式(如将茶叶放置到加热后的茶具里),茶叶受热后,香气就会散发出来。此时,应及时嗅香,辨别茶叶的香气类型。

　　湿嗅叶底,就是趁热对第一次浸泡后的茶叶叶底进行嗅香。由于浸泡后的茶叶在受热后,其内含的香气物质能充分地散发出来,一些不良气味也会随热气散发出来。所以,趁热湿嗅叶底,最容易辨别出茶叶的香气类型。其方法是一手拿住已倒出茶汤的茶杯(壶或盖碗),另一手半揭开杯盖(壶盖或碗盖),靠近杯(壶、碗)沿用鼻轻嗅或深嗅,也可将整个鼻部深入杯内接近叶底以增强嗅感。为了正确判别茶叶的香气类型、香气高低、香气持续时间的长短等,嗅时应重复一至两次。但每次嗅的时间不宜过久,因为人的嗅觉容易疲劳,嗅香过久,嗅觉的敏感性下降,嗅香就会不

干嗅茶香

湿嗅叶底

评审闻香

准确，一般是3秒钟左右。另外，如果需要嗅香的茶叶较多时，每次嗅香的时间过长，同时辨别的茶叶冷热不同，就很难辨别出茶叶的好坏。嗅香的时候，每次都应抖动杯（壶、碗）内叶底，使其翻个身。未辨清茶叶香气之前，不得打开杯（壶、碗）盖。

嗅叶底辨别茶叶的香气，分热嗅、温嗅、冷嗅三个阶段。三个阶段相互结合才能准确评定出茶叶的香气特点。每个阶段辨别的重点不同，详见表8-1。

表8-1　普洱茶香气辨别方法和技巧

辨别方法	辨别的重点	注意事项
热 嗅	香气类型，香气高低，茶叶有无异味	叶温65℃以上时，最易辨别茶叶是否有异味
温 嗅	主要辨别香气类型和茶香的优劣	叶底温度55℃左右，最易辨别香气类型
冷 嗅	主要辨别茶叶香气的持久程度	叶温30℃以下时，辨别茶香余韵，高者为优

2. 如何辨别普洱生茶的香气类型?

　　新采制的普洱生茶和储藏了一段时间的普洱生茶的香气有很大的区别,要准确辨别普洱生茶的香气类型,必须对普洱生茶的香气类型有充分的了解和把握。

　　就当年生产的云南大叶种晒青毛茶而言,其香气类型主要有毫香、嫩香、清香、花香(如荷香)、果香(如栗香)、日晒味、粗老气等。而且这些香气类型,往往与原料采摘的老嫩程度密切相关。其基本规律如下。

　　凡采摘单芽加工的大叶种晒青毛茶,其香气类型往往是"毫香型",常伴有谷香(轻微的日晒味,这是晒青毛茶特有的气味)。

　　凡采摘一芽一叶加工的大叶种晒青毛茶,其香气类型多为"清香型""嫩花香",带谷香。

　　凡采摘一芽二叶加工的大叶种晒青毛茶,其香气类型多为"花香型"和"果香型"两种,并伴有谷香。"花香型"的如荷香、兰花香等;"果香型"的如浅栗香、豆香、苹果香等。

　　凡采摘一芽二、三叶加工的大叶种晒青毛茶,其香气类型多为"果香型",带谷香。以糖香型较为常见,也有熟香

单芽　　　　　　　一芽一叶　　　　　　一芽二叶

型的茶品。

凡采摘一芽四、五叶加工的大叶种晒青毛茶，其香气类型多带有"粗老气"（类似于干稻草香）和日晒味（笋干香）。

普洱生茶在储藏过程中，香气物质不断发生变化，其基本规律是低沸点芳香物质（如青草气）首先发散消失，鲜味物质逐渐转化消失，香气变为熟糖香，"陈香"物质逐渐形成，直到"陈香"显露。由青草气消失到"陈香"显露所经历的时间，随储藏环境的不同而不同，正常仓储一般需3年以上。

储藏中的普洱生茶，转化形成的香气类型很复杂，类型也很多。香气物质分解转化的类型、程度，受储藏环境的温湿度、储藏茶叶的通气状况制约，高温储藏环境，加速了高沸点香气物质的转化积累；低温储藏环境，促发了低沸点香气物质的转化积累。储藏环境的多样性和不确定性，导致了普洱茶藏品香气类型的多样性，以陈香、糖香为主导香型，伴随着多种多样的香气类型，构成了藏品普洱茶香气的神秘世界。

3. 如何辨别普洱熟茶的香气类型？

辨别普洱熟茶的香气类型，其方法与其他茶叶的嗅香基本

一芽三叶　　　　　一芽四叶　　　　　一芽五叶

相同，不同的是经过渥堆发酵的普洱熟茶，香气独特。总的规律是："以陈香为主导，透其他植物特殊香气。"

刚出产的普洱茶，"陈香"低淡，多带"水味"，这是渥堆发酵后普洱熟茶香气的正常表现。此时，高嫩度茶品（如普洱芽茶、普洱皇等），常出现令人愉悦的"奶酪香"（茶叶香气、"鲜爽"味及水汽相伴产生的特殊香气）；二、三级原料发酵的普洱茶常出现"参香""果香"（茶叶香气和水汽相伴产生的特殊香气）；四、五级原料发酵的普洱茶常出现"豆香"（茶叶香气和水汽相伴产生的特殊香气）。随着干燥储存时间延长，香气逐渐醇和，"水味"渐渐减退，"陈香"凸显。

出产半年左右的普洱熟茶，水汽基本消失，陈香糖韵凸显，逐渐成为主导香型。此时，香气类型因原料差异和储存坏境的变化而复杂多样，主要有"枣香""参香""果香""桂圆香""槟榔香"等。

一年以上的普洱熟茶，陈香浓郁，香气渐趋纯正。受不同储存环境影响，香气类型复杂，常见的有"龟苓香""桂香""枣香"等。

水味：在品茶中，水味普遍被理解为茶水分离的口感，而不是一种味道，与茶味淡有着本质的差别。产生"水味"的原因是茶叶的浸出物与水的比例失调，茶与水的融合度不好，即使茶味浓也会产生茶水分离的口感。茶叶泡至后期、水质过硬、水温过低、醒茶不足、注水不当、茶叶本身的品质等都可能产生水味。

4. 如何根据普洱生茶的汤色分析茶叶品质优劣？

茶汤的汤色是茶叶加工质量及茶品优劣的具体表现，可以根据茶汤不同颜色，分析茶品品质的优劣。普洱生茶常见汤色有以下10种。

（1）绿艳：翠绿而微黄，清澈鲜艳，浅绿鲜亮的茶汤，是鲜叶采制及时、杀青恰当、干燥迅速不受沤的优质晒青毛茶汤色，常伴"荷香"，早春茶常见此汤色。这类茶品，随着时间不断陈化，茶汤绿艳消失，逐渐演变为杏黄明亮的汤色。

（2）黄绿：绿中微黄的汤色，似半成熟的橙子色泽，故又称橙绿，是中高档晒青毛茶的汤色。黄绿色的茶汤，多出现在春茶中，加工时揉捻、干燥及时才能有此汤色。

（3）绿黄：绿少黄多的汤色，类似浅黄色。清明至谷雨期间的晒青毛茶常显此汤色，是鲜叶少量劣变、受沤，或加工时杀青温度偏低、揉捻叶摊晾干燥不及时的表现。常伴有"青草气"或"水闷味"。

（4）浅黄：汤色黄而浅，又称"淡黄色"，是内含物质欠丰富的低档晒青毛茶的汤色。如是原料细嫩的茶品表现出这类汤色，多为鲜叶受沤或加工中揉捻叶（湿条）摊晾干燥不及时造成。

（5）橙黄：茶汤黄中微带红色，似橙色或橘黄色。新茶有此汤色多为茶青鲜叶劣变、杀青温度偏低的表现，常伴有"红茶香"或"生涩气"。收藏期在3～5年的老生茶也显此汤色，但亮度高。

（6）深黄：汤色暗黄，深而无光。新茶有此汤色多为几天的茶青合并加工或揉捻叶长时间得不到干燥所致。老生茶亦有此汤色，但老茶黄汤者，亮度一定很好。

（7）青暗：汤色泛青，无光泽。多为花青素含量较高的紫芽茶或高锰土壤环境下生产的晒青茶，或受"新铁"污染的茶叶，滋味往往较苦涩。受"新铁"污染的茶叶汤面常有类似"油膜"的漂浮层。

（8）混暗：汤色混而暗，与浑浊同义，茶汤中沉淀物多，混而不清，难见碗底。这是加工过程中晒青毛茶没有晒至足干，"湿坯"茶就装袋或长时间"闷干"的表现。这类茶品滋味淡而钝，茶气低闷，味薄，较甜。

（9）红汤：汤褐色变红。这是鲜叶严重变质的表现。常伴有馊味，是不良晒青茶的表现。如是老茶显出红汤，必是晶莹剔透的，属不可多得的好茶。

（10）黄汤：晒青毛茶汤色过黄而无绿色。是晒青茶在加工时，杀青叶湿热"闷黄"或揉捻叶受沤变黄的表现。属不良茶品。

5. 如何根据普洱熟茶的汤色分析茶叶品质优劣？

普洱熟茶的汤色，与渥堆质量、发酵程度关系密切，可以根据茶汤的不同颜色分析茶品品质的优劣。普洱熟茶常见汤色有以下7种。

（1）红艳：汤红艳，欠亮。是熟茶发酵程度较轻的表现。观察叶底，多呈暗红透青绿，滋味往往较苦涩。

（2）红亮：茶叶汤色不甚浓，红而透明有光泽，称红亮；光泽微弱的，称红明。观察叶底，多呈暗红微黄，滋味较酽。

（3）红浓：汤色红而暗，略呈黑色，欠亮。观察叶底，多呈红褐色，滋味较醇和。

（4）红褐：汤色红浓，红中透紫黑，匀而亮，有鲜活感。观察叶底，多呈褐色且柔软，滋味饱满醇厚。

（5）褐色：茶汤黑中透紫，红而亮，有鲜活感。观察叶底，色多呈暗褐且硬，滋味较醇和。

（6）黑褐：茶汤呈暗黑色，有鲜活感。观察叶底，色多呈黑褐且质硬，滋味较醇和。

（7）黄白：茶汤微黄，几乎接近无色。观察叶底，色黑且硬脆似碳条，滋味平淡，是发酵过度、已经烧心的普洱茶。

6. "冷后浑"的茶汤是怎么回事?

"冷后浑"是高档晒青毛茶或普洱生茶的茶汤所具备的特征。初时（热汤）呈翠绿而微黄或绿中微黄的颜色，冷却后，茶汤出现绿里透黄、黄里泛白的变混现象，程度较重者甚至出现白色絮状物，称为"乳凝"现象。"冷后浑""乳凝"现象是高档优质茶的品质表现，它是茶汤内含物浓缩成的"络合物"。加热后，"乳凝"现象消失，茶汤能重新清澈明亮起来。

需要申明的是，"冷后浑"原是优质红茶的汤色评语，指"红茶汤浓，冷却后出现浅褐色或橙色乳状的浑汤现象"。但是，冷后变浑的现象，在云南大叶种晒青毛茶上常有出现，而且只出现在高档晒青毛茶的汤色里。

7. 品评普洱茶的滋味有哪些技巧？

滋味是由人的味觉器官来识别的。品评普洱茶的滋味，其技巧有三：一是合理利用人体味觉器官——舌头；二是把握好茶汤的"评味温度"；三是评茶前不吃刺激性食物。

人体的味觉器官——舌头，各部分的味蕾对不同味道的感受能力是不一样的。舌尖主要品评茶叶的甜味；舌的两侧前端主要评定茶的醇和度；舌两侧的后端主要评判普洱茶是否发酸；舌心（中央部位）主要感受普洱茶的涩味；舌根则重点体会普洱茶的苦味。由于舌的不同部位对滋味的感受不同，品评普洱茶时，茶汤入口后，应在舌头上循环滚动，充分感受各种滋味，这样才能正确地、较全面地辨别普洱茶的滋味。

评定茶叶滋味，应特别注意茶汤的温度，把握好茶汤的"评味温度"。一般以50℃左右较适合评味。茶汤太烫，味觉受高温刺激而麻木，影响正常评味；茶汤温度过低，一是低温情况下的味觉敏感度下降，二是茶汤自身的滋味构成物质经热汤调和→低温茶汤协和度下降，滋味由可能的协调而变得不协调，影响评定的准确性。

为了正确评定普洱茶的滋味，品评普洱茶之前，最好不要食用具有强烈刺激味道的食物，如辣椒、葱蒜、烟酒、糖果等，以保持味觉和嗅觉的灵敏度。

8. 带有苦涩味的普洱茶都是不好的吗？

茶叶带有苦涩味的原因主要有两个：一是茶叶自身的苦味物质、涩味物质作用的结果，二是病虫危害导致的。因此不能简单地把带有苦味的普洱茶都定性为不好的茶。有时，带有苦涩味的茶，往往还是好茶，这是因为：茶叶苦涩味的浓淡，由它所含有的苦涩味物质的多少决定。茶叶的苦味物质主要有咖啡碱、可可碱、茶叶碱、花青素类、茶叶皂苷、苦味氨基酸及部分黄烷醇类等。茶汤的苦味常常与涩味相伴而生，在茶汤的滋味结构上占主导地位。茶汤中的生物碱与大量儿茶素类物质形成氢键缔合物，在儿茶素类和咖啡碱相对含量都较高的茶叶中，茶汤浓醇鲜爽，是优质茶叶的表现。就茶树的某一枝条来说，决定茶叶品质的苦味物质，往往是嫩叶含量比老叶高，尤其芽以下的第一、二叶的茶多酚、咖啡碱等含量最高，往下依次减少。茶叶的涩味物质，主要有茶多酚类、醛、铁等物质，其中儿茶素类尤为重要。脂型儿茶素苦涩味较强，它在芽叶中的含量远远高于粗老

茶叶碱：一般指茶叶生物碱，是传统茶叶植物体内富含的一类含氮杂环结构的有机化合物，该类化合物主要为嘌呤碱。茶叶生物碱是茶叶中重要的化学成分之一，特别是嘌呤碱中的咖啡碱，易溶于水，是形成茶叶滋味的重要物质。茶叶生物碱不仅是茶叶中化学成分的特征物质，也是茶叶区别于其他植物而成为饮料的主要原因。

叶片。正常情况下，采制幼嫩一芽一、二叶的茶品，其苦涩味比采制一芽三、四叶的厚重得多。所以，带有苦涩味的普洱茶往往是高嫩度、高级别的茶品。这亦是中、低档茶的滋味比较淡薄的原因。就普洱茶而言，凡茶品嫩度高、陈香显露、苦涩味低弱的，必是陈年老茶，是茶叶长期存放后，苦涩味物质大量降解、转化使滋味变得醇和的结果。

另一种不正常的情况是，采摘被病虫危害严重的原料

表8-2　同一枝条不同叶片滋味物质含量变化表(%)

成分	第一叶	第二叶	第三叶	第四叶	老叶	嫩茎
水浸出物	47.52	46.90	45.59	43.70	—	—
茶多酚	22.61	18.3	16.23	14.65	14.47	12.75
儿茶素	14.74	12.43	12.00	10.50	9.80	8.61
咖啡碱	3.78	3.64	3.19	2.62	2.49	1.63
氨基酸	3.11	2.92	2.34	1.95	—	5.73
水溶性果胶	3.21	3.45	3.26	2.23	—	2.64

茶饼病：茶树芽叶的重要病害之一，又名叶肿病。茶饼病主要为害嫩叶和新梢，花蕾及果实上也可发生。该病分布于四川、云南、贵州、湖南、江西、福建、广东、浙江、安徽、湖北、广西、台湾等省区的山区茶园，尤以云、贵、川三省的山区茶园发病最重。

制成的茶叶，苦涩味往往比正常芽叶重，甚至出现恶苦、腥臭。在云南茶区，茶树嫩叶常发病害主要有茶饼病、茶白星病等，患有茶饼病的芽叶制成的产品味苦，叶易碎；患有茶白星病的芽叶制成的产品，味苦、腥臭，饮用后肠胃有不适感。许多吸汁害虫危害茶树后，也会增加茶品的苦涩味，在云南主要有小绿叶蝉、茶黄蓟马、茶蚜虫、黑刺粉虱、茶叶跗线螨、茶网蝽等。受病虫危害的茶叶，可以通过叶底（茶渣）观察发现，叶底病斑虫叶多而滋味恶苦者，都是不好的茶叶，藏之无益。

从长时间施用单一化肥的茶园或紫色芽叶的茶树上采制出来的茶品，苦涩味亦较重。长时间施用单一化肥的茶叶，叶底无异常，苦味重于涩味，苦味凸于味先；紫色芽叶加工的茶品，叶底呈靛青色，苦、涩味皆重。

9. 如何根据叶底（茶渣）辨别普洱茶质量的好坏？

茶叶鉴赏中，评定叶底（茶渣）是必不可少的程序。因为，浸泡后的茶叶（叶底），能真实反映茶叶原料的本来面目。通过分析叶底状况，不但能判断出茶品原料——茶青（鲜叶）的生长发育情况（如：是否生长旺盛、是否有病虫

茶白星病：又称茶白斑病、点星病，是由茶叶叶点霉侵染引起的、发生在茶上的病害。一般以高山茶园发生较重，主要为害嫩叶、嫩芽、嫩茎及叶柄。导致茶树新梢生长不良、节间短，芽重减轻，叶片易脱落，减产10%~50%，严重时，整个叶片枯萎死亡。感病芽叶制成的干茶，冲泡后叶底布满星点小斑，破碎率较高，茶汤滋味极其苦涩，汤色浑暗，香气低，品质差。

危害、采摘特点等），而且能判断制茶工艺的优劣。

评定叶底一是靠嗅觉辨别香气，二是靠眼睛判别叶底的老嫩、匀整度、色泽和开展与否，同时观察有无其他杂物掺入。

将冲泡过的茶叶倒入专用的叶底盘（也可以是杯盖等平面器皿）里，倒的时候要注意把细碎的，粘在杯壁、杯底和杯盖上的茶叶倒干净。注意拌匀、铺开、揿平，观察茶叶的老嫩程度、是否均匀整齐、色泽状况，揿压叶底感受茶叶的软硬等（如感觉不明显时，可用茶汤清洗茶渣，揿平后，将茶汤徐徐倒出，使叶底平铺或翻转后再看）。如果用一般的盘子看叶底，则可加清水漂洗，让叶片漂在水中，进行观察分析。

评叶底时，要充分发挥眼睛和手指的作用，手指按压，判断叶底的软硬、厚薄等。再看芽头和幼嫩叶片的含量比例、叶片舒展情况、光泽、颜色及均匀度等。

优质普洱茶的叶底，应具备下面所列之特点。

普洱生茶：

评判指标	叶底状况
老嫩程度	芽头和幼嫩叶片含量多
茶条松紧	茶条紧而实、无"死条"
匀整程度	长短、粗细较均匀，断碎少，无末
色泽情况	嫩黄带乳白色或黄绿色，无"花杂叶"
柔软状况	叶质柔软，不硬翘
掺杂与否	没有非茶物质混入

普洱熟茶：

评判指标	叶底状况
老嫩程度	芽头和幼嫩叶片含量多
茶条松紧	茶条紧而实、无"死条"
匀整程度	长短、粗细较均匀，断碎少，无茶末
色泽情况	猪肝色（褐色），无黑色或靛青色茶条
柔软状况	叶质柔软，不硬翘（老茶叶质较硬）
掺杂与否	没有非茶物质混入

第九章

普洱茶的保健功效

内容提要

为什么说普洱茶是核子时代的饮品？

普洱茶真的具有降脂减肥的功效吗？

普洱茶能防治哪些心血管类疾病？

为什么说普洱茶是「美容新贵」？

普洱茶防癌、抗癌的机理是什么？

1. 为什么说普洱茶是核子时代的饮品?

原子能的开发利用,标志着人类进入了核子时代。和平利用原子能,在提供电力、航天航空动力及农作物种质资源等方面开创了崭新的局面。随着社会生产力水平的空前发展,人们的物质生活不断丰富,电视机、电脑、复印机、传真机、手机以及医疗设备等产品在给生带来便利的同时,也不可避免地造成了辐射污染。

辐射对人体造成的损害主要表现为对骨髓的侵入,破坏人体造血功能。试验证明,茶叶中的儿茶素类化合物可吸收90%的放射性同位素,并且是在其到达骨髓之前就被排出体外。医学研究者还发现,接受放射治疗的患者体内白血球大幅度减少,在摄取足够多的茶叶提取物后能得到明显改善。目前,茶叶提取物片剂已经作为临床升白剂被广泛使用。茶叶中除具有抗辐射的有效成分外,还有茶多酚类化合物、脂多糖、维生素C、维生素E及部分氨基酸等。除前文提及的儿茶素对放射性同位素的吸附作用外,其作用机理是针对辐射引起的过量自由基导致的过氧化产生"解毒"作用。所以,茶叶可以提高人体的非特异性功能,改善造血功能。

在日常生活中,微量的辐射波(电视、电脑、手机等)

对人体也有一定的伤害。在科学家没有找到更好的防治办法之前，适量饮茶不失为一个有效而简单的办法。

太阳有害射线，大气和水源污染，有害粉尘、烟雾，电磁辐射包围，不良生活习惯，令现代人在享受美好生活的同时，不得不面对可怕的死亡杀手——癌症。引发癌症的病因有生物学的（病毒）、物理学的（放射性辐射）及化学的（致癌物质）。茶叶中的茶多酚类、儿茶素、咖啡碱及茶多糖等都是生物活性化学抗癌成分。

云南大叶种加工的普洱茶，茶叶里有效成分含量较高，其茶多酚类化合物、脂多糖、维生素、氨基酸、茶色素、咖啡碱等的含量高于中、小叶种茶树。所以，在人类进入核子时代以后，普洱茶是您最理想的保健饮品。

2. 普洱茶真的具有降脂减肥的功效吗？

是的，普洱茶确实具有降脂减肥的作用。法国巴黎安东尼医学系临床教学主任艾米尔·卡罗比医生，运用云南普洱沱茶临床试验证明："云南普洱沱茶对减少类脂化合物、胆固醇含量有良好效果。"昆明医学院（现昆明医科大学）也对云南普洱沱茶治疗高血脂病的疗效作了55例临床试验，并

艾米尔实验报告[全文]

ANALYSES MÉDICALES

医学分析

LABORATOIRE FUNEL

富能 (Funel) 实验室

Société à Responsabilité Limitée, au Capital de 80.000 F

有限责任公司，注册资金80.000法郎

Enregistré n° 75.5717
注册编号：75.5717

245, rue Lecourbe – PARIS XV°
巴黎15区 – 勒古布街245号

Agréé n° 27–37
认证编号：27–37

TÉLÉPH. R28. 59. 23
电话：828.59.23

R.C. Paris 65 B 5475
巴黎工商注册编号 65 B 5475

PARIS, le 24 JANVIER 1979
1979年1月24日，巴黎

ESSAI DE L'INFLUENCE DU THE YUNNAN TUO CHA SUR LE TAUX D'ALCOOLEMIE DANS LE SANG.
有关云南沱茶对血液酒精含量影响的试验

Tests effectués sous contrôles médical, avec prises de sang les 17 et 22 JANVIER 1979, au restaurant DODDIN BOUFFANT.
试验是在医学控制下进行，分别于1979年1月17日和22日在DODDIN BOUFFANT饭店进行抽血。

PARTICIPANTS 参加者				Repas du 17/01/79 sans thé TUO CHA 1979/01/17进餐没有喝沱茶 (1)	Repas du 22/01/79 avec Thé TUO CHA 1979/01/22进餐，有喝沱茶	
Prénom 名字	Age 年龄	Taille 身高	Poids 体重		(1)	(2)
				en g/l 单位：g/l	en g/l 单位：g/l	en g/l 单位：g/l
Jean	56	168	68	1.21	0.88	0.54
Nicole	48			0.78	0.60	0.32
Pierre	49	173	67	1.10	0.81	0.64
Fred	61	168	78	1.29	0.90	0.81
Richard	22	175	65	0.90	0.80	0.65
Yves	37	163	61	0.84	0.71	0.60
Bernard	26	176	65	0.89	0.71	0.58
Véronique	21	168	55	0.79	0.68	0.52

艾米尔实验报告附件（一）

1. Prise de sang effectués 30 minutes après la fin du repas.
在饭后30分钟进行抽血。

2. Prise de sang effectuée 50 minutes après la fin du repas.
在饭后50分钟进行抽血。

Les repas des 17 et 22 Janvier ont été rigoureusement indetiques tant du point de vue de la nourriture que des boissons absorbées.
1月17日和22日的进餐无论在食物还是摄入饮料方面都完全一致。

P. FUNEL,

OFFICE OF SOCIAL AID FOR PARIS / 巴黎社会救助办公室

SERVICE OF GERONTOLOGY OF THE ALQUIER-DEBROUSSE FOUNDATION
ALQUIER-DEBROUSSE老年医疗服务中心
148, Rne de Bagnolet, 75020 PARIS Tel. 371-25-15
巴黎Bagnolet街148号，邮编75020 电话：371-25-15

Service chief:
服务中心主任：

Dr. Emile KAROUBI,
Director of Clinical Teaching
Faculty of Medicine, SAINT-ANTOINE

圣安东尼医学院
临床教学主任
Emile KAROUBI博士

Paris, April, 1978.
1978年4月，巴黎

INTRODUCTION / 背景介绍

I, the undersigned, Dr. KAROUSI Emile, Director of Clinical Teaching at the Faculty of Medicine, SAINT-ANTOINE, doctor of the DEBROUSSE Foundation, swear that, at the request of DISTRIFRANCE Co. (1), I have carried out leats on a tea imported from the Republic of CHINA under the mame of YUNNAN TUO CHA.
本人KAROUSI Emile博士，文件签署者，现任圣安东尼医学院临床教学主任，DEBROUSSE基金会医生，兹宣布，应DISTRIFRANCE公司要求，本人对一种名为"云南沱茶"的中国进口茶进行了试验。

The YUNNAN is a frontier province of Southern CHINA bordering on to NORTH-VIETNAM.
云南是中国南方边境省份，与越南北部接壤。

艾米尔实验报告附件（二）

DISTRIFRANCE Co., 9, Avenue de l' Alma, 94 210 LA VARENNE.

DISTRIFRANCE公司, 9, Avenue de l' Alma, 94 210 LA VARENNE。

According to the documents provided by DISTRIFRANCE, "known for centuries, TUO CHA is not only an excellent tea for general consumption, but also one of the fleurons of the traditional Chinese pharmocopoeia".

DISTRIFRANCE提供的材料显示，"沱茶驰名百年，不仅是日常饮用的茶中珍品，更是传统中药典籍中记载的药用植物之一"。

Using these facts us a basis, we decided to carry out our experiments on two possible properties of this tea:

据此，我们决定开展实验研究沱茶可能具有的两种特性:

1. to look for any effect on weight without any restricted eating regime or without any anorexic prescription. We made it clear to each of our patients that we wanted them to continue with their former eating habits, even sometimes with some excesses if that was their habit.

在无任何饮食限制及节食处方的条件下，探索沱茶对体重的影响。对于每一位参与实验的病人，我们都明确表示希望他们保持之前的饮食习惯，即便他们习惯偶尔过量饮食。

2. to look into an auti-lipid effect without any therapeutic prescription being taken for this overload, and in a general way, without any modification to their dietary habits.

在不对过度饮食采取任何治疗方案且总体不改变任何饮食习惯的条件下，研究沱茶的降脂作用。

PHARMACOLOGY / 药理学

The black tea of the YUNNAN was subjected to a microscopic and chromatographic analysis by the FINEL Laboratory, 245 Rue Lecourbe, Paris 15eme, from which it was revealed that it was "apure tea, conforming to the French pharmacopoeia, neable in pharmacy as a medicinal product".

这种云南沱茶被置于显微镜下进行色谱分析，这项工作由FINEL实验室（245 Rue Lecourbe, Paris 15eme）完成。分析显示，该茶为"纯品茶珍"，符合法国药典，具有药用价值"。

GENERAL POINTS / 概要

Our investigation was carried out on 40 cases, of which 27 were women and 13 were men.

我们对27女、13男共40例样本进行了调查。

The ages ranged from 19 to 78 with:

年龄跨度从19岁到78岁:

- 2 below 20 [20岁以下2例]
- 4 between 21 and 30 [21岁到30岁4例]
- 4 between 31 and 40 [31岁到40岁4例]
- 10 between 41 and 50 [41岁到50岁10例]
- 11 between 51 and 60 [51岁到60岁11例]
- 4 between 61 and 70 [61岁到70岁4例]
- 2 over 70 [70岁以上2例]

艾米尔实验报告附件（三）

I. EFFECT ON WEIGHT / 对体重的影响

1. We considered, after at least one month's treatment as;
在至少一个月的治疗以后，我们按如下标准对结果进行统计：

NIL result → no loss of weight or a loss of less than 1kg.
无效果 → 体重无减轻或减轻少于1kg

MEDIUM result → a loss of 1－2 kg
效果一般 → 体重减轻1－2kg

GOOD result → a loss of 2～3 kg
效果良好 → 体重减轻2－3kg

VERY GOOD result → a loss of 3 kg or more.
效果极佳 → 体重减轻3kg及以上。

2. We studied 38 cases and we specified constantly that all those interested should not follow a restricted regime; if not to exaggerate the difference, at least to remain faithful to their eating habits. We are not sure of always having been obeyed but this gives more value to the good results.
我们对38例样本进行了研究，并始终明确所有参与者均不应控制饮食；即便不扩大差异，但至少保持原有饮食习惯。我们不能确定此项规定能贯彻执行，但能让得出的结果更有意义。

3. The investigation showed that;
调查结果为：

   I VERY GOOD = 2.63% (1例极佳 = 2.63%)
   5 GOOD = 13.15% (5例良好 = 13.15)
   10 MEDIUM = 26.30% (10例一般 = 26.30%)
   22 NIL = 57.92% (22例无 = 57.92%)

4. There was no correlation with age since;
结果与年龄无相关性，证据如下：

   VERY HOOD case (No.25) was 68 years old
   效果很好的样本（第25号）为68岁

   GOOD cases (Nos.15、20、28、31、33) were 49, 52, 47, 54 and 50 years old respectively.
   效果较好的样本（第15、20、28、31和33号）分别为49岁、52岁、47岁、54岁及50岁。

   The young subjects (up to 30 years old) who, psychologically, should have been more motivated from the point of view of slimming, classified themselves into three NILs and two MEDIUM.
   从心理学角度来看对减肥应更有积极性的年轻样本（30岁及以下）结果却为3例无效果及2例效果一般。

II. EFFECT OH LIPID METABOLISM / 对脂代谢的影响

We studied in turn the effect on the level of ⌈ TOTAL LIPIDS / 总脂
我们依次研究了云南沱茶对以下几种脂类水平的影响 ⎜ CHOLESTEKOL / 胆固醇
└ TRIGLYCERIDES / 甘油三酯

We considered the development of the levels as a percentage of normal with regard to the averages provided by the analysing laboratory. So we considered generally;
对于分析实验室提供的均值，我们用正常水平所占百分比来表示这些脂类水平的变化。因此总体上我们判定：

as a NIL result, a percentage improvement less than or equal to 25%
百分比增加≤25%为无效果］

as a MEDIUM result, a percentage improvement of between 25% and 50%
百分比增加介于25%～50%之间为效果一般］

as a GOOD result, a percentage improvement of between 50% and 75%
百分比增加介于50%～75%之间为效果良好］

as a very GOOD result, the return to normal of the LEVELS considered.
所研究的脂类水平恢复正常为效果极佳］。

艾米尔实验报告附件（四）

I. EFFECT ON LEVELS OF TOTAL LIPIDS / 对总脂水平的影响

We examined 15 cases.
我们检测了15例样本。
Normal was fixed at the level of 7gr. of lipids.
正常总脂水平固定为7g。
We ended up with.
结果为：

3 YEAR GOOD results (Nos. 15, 19, 33) = 20% of cases
3例效果极佳（第15、19和33号）= 总样本20%
2 GOOD results (Nos. 18, 23) = 13.33% of cases
2例效果良好（第18和23号）= 总样本13.33%
5 MEDIUM results (Nos.6, 16, 30, 32, 38) = 33.33% of cases
5例效果一般（第6、16、30、32和38号）= 总样本33.33%
5 NIL results (Nos.8, 25, 27, 39, 40) = 33.33% of cases
5例无效果（第8、25、27、39和40号）= 总样本33.33%

To sum up / 小结：

in of the cases we obtained an improvement in the level of LIPIDS of 50% to 76.92%
1/3样本正常脂水平所占百分比上升50%至76.92%。

in another of the cases this percentage improvement went from 25% to 50%.
另1/3上升25%至50%。

finally in the NIL results it is necessary to point out a case (40) where the improvement reached 24.24% but we adhered strictly to our classification in keeping him in this category.
最后有必要指出，结果为无效果的案例之一（第40号）正常百分比增加达24.24%，但我们仍严格执行分组将其划分为无效果。

These results as a wholes without either, a special regime or treatment, surprised us agreeably and they seen to us to merit a fuller study both in the number of cases but also into how this tea has such an effect. From the outset it seemed to us useful to add TUO CHA the diets of people with high levels of lipids alongside specific therapy, which, of course, it does not pretend to replace.
在无特殊饮食或治疗的前提下，这些结果总体上令我们感到惊喜，我们认为它们值得进行更全面的研究，包括增加样本数量和深入研究该茶的作用原理。从一开始我们就认为，在高脂水平人群的饮食中加入沱茶，将配合而非取代特异性疗法发挥作用。

II. EFFECT ON LEVEL OF TRIGLYCERIDES / 对甘油三酯水平的影响

We used 13 cases. [我们检测了13例样本。]
Normal was fixed at the level of 1.30gr. of TRIGLYCERIDES. [正常甘油三酯水平固定为1.30g]

1. Among these 13 cases, six had normal levels to begin with. Among these six cases (NOs. 15, 18, 23, 32, 33, 40) only one (No. 40) developed unfavourably whereas the five others developed favourably, seeing the level of triglycerides diminish still further. They are therefore to be included in those benefited by the tea.
这13例中的6例在初始时为正常水平。6例（第15、18、23、32、33和40号）中，仅1例（第40号）变化不尽人意，其他5例都往好的方向发展，甘油三酯水平继续下降。因此，他们被划分为该茶的受益者。

艾米尔实验报告附件（五）

2. Among the seven remaining cases, we obtained:
其余7例结果为:

- 4 VERY GOOD results (Nos. 16, 19, 25, 30)
  4例效果极佳（第16、19、25和30号）
- 3 NUIL results (Nos. 8, 27, 39).
  3例无效果（第8、27和39号）

3. To sum up / 小结：
in nine cases out of 13 drinking the tea led to normal or contributed to the towering of the already normal levels of TRIGLYCERIDES, which gives us an appreciable percentage of 69.23% favourable results.
饮用沱茶的13例样本中的9例甘油三酯水平恢复正常或由正常水平继续降低，有效率达69.23%，结果相当可观。

in 4 cases out of 33, i.e. 30.77% of the cases, the results were NIL. It would be interesting to pursue the investigation both in terms of number of cases and into how the tea produces its effect. And our conclusions on the benefit of adding it to the diet of people with high levels of triglycerides can be added to our preceding conclusions on hyper-lipids.
33例中的4例，即30.77%的样本，结果为无效果。研究结果表明该样本值得从样本量及作用原理上继续深入探索。在此研究中，我们的结论为，将沱茶加入高甘油三酯水平的人群食谱将有利其甘油三酯水平的降低，这与在高脂研究中得出的结论相辅相成。

III. EFFECT ON CHOLESTEROL LEVEL / 对胆固醇水平的影响

We had 16 cases.
我们检测了16例样本。
Normal was fixed at the level of 2.30gr. of CHOLESTEROL.
正常胆固醇水平固定为2.30g。
We obtained / 我们得到：

2 VERY GOOD results 2例效果极佳	= 12.50% of cases (Nos.15, 33) = 总样本12.50%（第15和33号）
3 GOOD results 3例效果良好	= 18.75% of cases (Nos. 25, 36, 39). = 总样本18.75%（第25、36和39号）
3 MEDIUM results 3例效果一般	= 18.75% of cases (Nos. 19, 23, 38) = 总样本18.75%（第19、23和38号）
8 NIL results 8例无效果	= 50% of cases (Nos. 6, 8, 16, 18, 27, 30, 32, 40). = 总样本50%（第6、8、16、18、27、30、32和40号）

To sum up /小结
in 31.25% of these cases the use of THO CHA TEA produced good or very good results and, including the medium result cases, a percentage of 50% was achieved. This, I repeat, appears very interesting.
饮用沱茶的样本中31.25%效果良好或极佳，包括一般效果在内，有效百分比达到50%。再次说明，这个结果十分值得关注。

IV.

It appears to us equally beneficial to present a comparative study of the effect of this tea on the metabolism of lipids, triglycerides and cholesterol.
我们认为，对比研究沱茶对总脂、甘油三酯和胆固醇代谢的影响同样有益。

艾米尔实验报告附件（六）

In the greet majority of cases (11 out of 15) there is a correlation between the three effects or between two of them; more often than not, lipids and triglycerides. The development of the levels are on a par whether it is a question of favourable or unfavourable effects, as appendix 2 of our report shown.

大部分样本（15例中的11例）显示出三种影响或其中两种之间的相关性，尤其对总脂和甘油三酯。如报告附录2所示，这些脂类水平的变化显示出平行性，不论总体效果有利或不利。

V. EFFECT ON URIC ACID IN THE BLOOD / 对血液中尿酸的影响

Completely independently of our research, we have had the opportunity to observe the development of the levels of uric acid seven times during the taking of the tea.

该研究独立于我们的研究计划，我们额外获得机会7次观察饮用沱茶期间样本尿酸水平的变化。

6 times (Nos. 18, 19, 32, 36, 38, 40) we observed a lowering of the level.

我们6次（第18、19、32、36、38和40号）观察到血尿酸水平的降低

Once (no. 27) it became quite heightened, its development following, in this sense, that of the levels of lipids triglycerides and cholesterol.

1次（第27号）该水平相对升高，从这个意义上讲，此变化是与总脂、甘油三酯及胆固醇水平的变化相对应的。

We refrain from drawing any conclusion from that apart from the parallelism of effect, because some patients had followed a light anti-uric therapy.

除影响的相似性外，我们不作其他结论，因为一些病人曾接受过光照降尿酸疗法。

GENERAL CONCLUSIONS / 总结

On the whole, if the effect on weight of YUNNAN TUO CHA TEA taken according to our instructions has been shown to be too inconsistent to be taken into consideration, we have been agreeably surprised as regards its effect on the lipid metabolism. It is indisputably on the levels of triglycerides that, statistically, the results look very encouraging; then in order of decreasing efficacy, the effect on total lipids and cholesterol.

总体上，根据我们的说明，如果饮用云南沱茶对体重的影响因自相矛盾而不作考虑，那么其对脂代谢的作用则令人惊喜。它对甘油三酯水平的影响毋庸置疑，从统计学上讲，此项结果十分令人振奋；对总脂及胆固醇水平的作用效果则依次减弱。

We wish to emphasise that this investigation was conducted without notification of the previous eating habits and without therapeutic additives. Also that enables us to recommend strongly the addition of YUNNAN TUO CHA TEA to the diet of people with high levels of lipids, as a therapeutic adjuvenant necessary in other respects.

我们希望强调的是，此项研究是在不改变以往饮食习惯且无治疗性添加物的条件下进行的。鉴于此，我们强烈建议将云南沱茶加入高脂水平人群的饮食中，作为其他必需疗法的一种辅剂。

It seems to us equally beneficial to have to complete this preliminary study with a study of a larger number of cases but we wished to draw the attention of our colleagues quickly to this simple anodyne possibility without side-effects and fully beneficial.

以更大的样本量来完成这项初始研究十分有必要也同样有益，但我们希望尽快引起同行们的注意，来关注这种简单的有百利而无一害的治疗可能。

Did not Confusius say "it is better to try to light the smallest candle than curse the darkness"?

有句谚语不是说过："与其诅咒黑暗，不如点燃蜡烛"？

艾米尔实验报告附件（七）

与降脂较好的药物——安妥明治疗的31个病例作对比。结果表明，普洱茶的疗效优于安妥明。法国国立健康和医学研究所、巴黎亨利伦多医院的贝纳尔·贾可托教授、巴黎大学营养生理学实验室主任吕通教授等，均对云南普洱茶进行了临床试验，表明普洱茶可以降血脂。20世纪以来，数以万计的研究证明，长期饮用普洱茶不仅可以减肥，而且能使胆固醇及甘油三酯降低，具有降脂减肥、治疗肥胖症等功效。

3. 普洱茶能防治哪些心血管类疾病？

　　心血管类疾病是威胁当代人类健康的三大杀手之一，过量饮食、缺乏运动、环境污染等，都是造成高血压、高血脂、高血糖及动脉粥样硬化等心血管类疾病的外部原因。

　　除了应用药物治疗以外，合理饮用普洱茶，可以起到预防或辅助治疗心血管类疾病的功效。

　　高血压是现代人特别是城市居民的一种常见病。由于外界及内在不良刺激引起大脑皮层的兴奋和抑制过程失调，使肝脏中的血管紧张素产生异常，由非活性的血管紧张素Ⅰ在一种转化酶的作用下转化成活性的血管紧张素Ⅱ，引起血压升高。茶叶中含有的儿茶素类化合物和茶黄素等，对血管紧张素 I 转化酶的活性有明显的抑制作用。茶叶中的咖啡碱与儿茶素能使血管壁松弛，增加血管的有效直径，通过血管舒张令血压下降。茶叶里的芳香苷具有维持毛细血管正常抵抗力，增强血管壁韧性之功效。因此，长期饮茶，有助于降低血压，同时保持血管弹性、消除血管痉挛、防止血管破裂。

高血脂是指血液中的胆固醇、甘油三酯高于正常水平。脑溢血、冠心病、动脉粥样硬化、血栓、肥胖症等，都与血脂高有关。饮用普洱茶可以降低血脂、加速脂肪代谢。主要表现在：一是普洱茶中的咖啡碱对食物营养成分的代谢作用，尤其对脂肪有很强的分解能力。二是普洱茶中的儿茶素类化合物可以促进人体原有脂肪的分解，防止血液和肝脏中的脂肪堆积。三是普洱生茶中的叶绿素既可以阻止肠道对胆固醇的吸收，又能分解已经进入人体循环的胆固醇，从而使人体内胆固醇含量降低。

普洱茶具有降低血压和血脂的作用，因此对动脉粥样硬化及血栓也同样有预防和治疗效果。动脉粥样硬化是动脉内壁沉淀过量的脂肪类物质与胆固醇而变厚，这一过程伴随着年龄的增长而逐渐严重。血管内壁的增厚使动脉变狭窄甚至堵塞，影响血液流动，甚至还会出现组织坏死，形成血栓。医学实验证明，普洱茶中的儿茶素、茶红素和茶黄素等化合物能使血液凝固时间延长1～4倍，并具有促进纤维蛋白溶解的作用。长期饮用普洱茶可以使血液浓度降低，从而达到有效防治高血脂等的效果。我国传统中医处方中就有不少以茶为主药的药方。现在，茶叶主要用于辅助治疗，如茶叶山楂汤、茶叶柿叶汤等，对脑血栓、高血脂等均有很好的辅助疗效。

糖尿病古称"消渴病"，是一种以高血糖为主要特征的代谢类分泌疾病，也是一种常见病、多发病。是由于胰岛素分泌不足和血糖过高引起体内糖、脂肪与蛋白质等代谢紊乱。普洱茶对中、轻度糖尿病有明显疗效：普洱茶中所含的茶多酚和维生素C能保持人体血管的正常弹性与通透性；茶多酚与丰富的维生素C、维生素B等对人体糖代谢障碍有调节作用，特别是儿茶素类化合物对淀粉酶和蔗糖酶有明显抑制作用。普洱生茶的冷却液降血糖效果优于熟茶。我国古代便用茶叶玉米须汤、茶叶罗汉果汤等治疗糖尿病。日本医学界认为，先天性糖尿病人应该经常饮用茶汤作为辅助治疗，无病者饮之亦可起到预防作用。

坏血病常发于航海、战争或高原、沙漠等缺少蔬菜、水果供应环境中生活的人群，主要是因为体内极度缺乏维生素C。普洱茶含有丰富的维生素C，不但可以预防和治疗坏血病，而且茶多酚类化合物还可以防止体内维生素被破坏。普洱茶形制多样，便于携带与储存，非常适宜作为日常维生素补充剂。此外，普洱茶中含有的铜、铁等微量元素，是合成人体血红蛋白和红血球所必需的元素，所以经常饮茶能起到一定的补血作用。普洱茶能防治的心血管类疾病很多，在力所能及的范围内，每一个人都应该对自己的健康负责，在选择日常饮品的时候，用一点点心思泡一杯普洱茶，清心健康，何乐而不为呢？

4. 为什么说普洱茶是"美容新贵"？

茶叶用于美容，已经不是什么新闻了。长期以来，人们一直用冷茶水清洗油性皮肤，防治粉刺；用浸透冷茶水的纱布敷眼部，消除黑眼圈；用冷茶水浸润被晒伤的皮肤，减轻发红和灼痛等。

皮肤美是外在容颜美的首要标准，健康的皮肤无瑕、润泽、富有弹性、柔软且红润。生物机体衰老的原因，主要是随着时光的流逝，体内产生过多的活性氧自由基，导致脂质过氧化，产生脂褐素沉淀，进而破坏生物膜，最终导致人体代谢功能下降，引起人体内部各系统的衰老。皮肤出现皱纹、色斑、粗糙、下坠、无光泽等现象。

　　普洱茶中含有600多种化学成分，其中很多成分有益于人体健康。这些化学成分，分为有机化合物与无机化合物两类。干物质中的九成以上是有机物，主要是蛋白质、氨基酸、生物碱、茶多酚、维生素、有机酸、色素、皂甙类、甾醇等。无机物包括27种矿物质和微量元素，其中碘、硒、锰、氟等几种有益于人体的微量元素，含量超过其他植物的平均水平。现代医学研究证明，茶叶中的生物碱、茶多酚、维生素及矿物元素是与人体健康相关的有效成分。普洱茶中的多酚类化合物（儿茶素、黄酮类化合物、花青素和酚酸等）是活性很强的抗氧化剂，可以有效清除活性氧自由基。不但能保护生物膜的完整性，而且能减少脂褐素的形成与沉淀，达到延缓衰老、美白肌肤的效果。普洱茶中的B族维生素，可以增强皮肤弹性，预防皮肤疾病，维持视网膜及神经、心脏、消化系统等的功能正常。高档普洱茶中的维生素C及维生素E含量较高，是良好的抗氧化剂，能有效阻止脂质过氧化，延缓衰老、抗癌变，防治坏血病，促进伤口愈合等。

　　面对工业污染带来的各种疾病，普洱茶的保健作用也日益凸显。日常生活中，人们在呼吸、饮水、进食等过程中，不可避免地摄入了一些毒素，体内铜、铅、汞、镉、铬等重金属含量过高，会引发各种疾病。普洱茶富含的咖啡碱及茶多酚类物质，对人体中的重金属具有极强的吸附作用。尤其茶多酚，可与重金属相结合形成沉淀，并随消化系统排出体外。空气、水、食物中的杂质、粉尘经常令人产生过敏，过敏是人体对外来刺激物产生免疫反应，形成抗体免疫球蛋白的过程。这种球蛋白与人体肥大细胞的细胞膜相结合，在细胞中形成颗粒状物并释放出组胺，组胺令毛细血管透性增加，引起平滑肌收缩，于是在皮肤表面出现瘙痒等过敏症状。普洱茶中的儿茶素类化合物可有效地抑制组胺的释放。经科学测定，0.01%的茶叶提取液作为抗过敏药物，其效果与其他常用抗过敏药物相同。

茶叶与葡萄籽提取物长期以来被用于美容护肤品，尤其被用于一些抗衰老剂、保湿剂与防晒品中。这些产品中含有AHAS（醇酸），能去除死皮细胞，使新细胞更快到达皮肤表层，从而使皮肤细密、减少皱纹、洁白无瑕。

普洱茶的上述功效及其减肥降脂作用，决定了普洱茶在美容市场被广泛青睐，使之成为当之无愧的"美容新贵"。

5. 普洱茶防癌、抗癌的机理是什么？

普洱茶中的茶多酚类、茶色素、咖啡碱及茶多糖等都是生物活性化学抗癌成分，能起到有效防癌、抗癌的作用。普洱茶抗肿瘤、防癌、抗癌的机理主要表现在以下几个方面。

一是抑制最终致癌物质的形成。普洱茶中所含的茶多酚，能有效抑制并阻断亚硝化反应，降低体内亚硝胺含量，从而抑制致癌物质的生成。

二是调整原致癌物质的代谢过程，通过提高解毒酶的活性，与许多原致癌物质或致突变物结合，使之灭活或催化其分解，加速排出体外。

三是直接与亲电子的最终致癌代谢物起作用，减少对原致癌物质的引发或合成，降低了癌症诱发性。

四是抑制致癌基因与DNA共价结合。人体（包括其他生物体）内细胞中的DNA、蛋白质等大分子，存在大量富含电子的基因，极易与化学致癌物进行共价结合，导致DNA复制与转录的畸变，使正常细胞突变致癌。普洱茶所含的茶多酚、儿茶素可以使共价结合的DNA数量减少三至六成。

五是直接杀伤癌变细胞。茶叶提取物能在癌细胞分化的早期阶段，产生明显的细胞毒作用，阻断癌细胞的克隆生长。

　　六是促使癌细胞凋亡。细胞凋亡是细胞受基因调控的主动自杀过程。普洱茶所含的咖啡因能增强离子射线和化疗药物的细胞毒而诱导凋亡作用，甚至直接诱导癌细胞凋亡。

第十章

云南茶文化特色旅游

113
↓
135

内容提要

为什么说云南是世界茶人心驰神往的游览胜地？

云南有哪些茶文化园林景区？它们各有什么特点？

云南有哪些茶文化特色村寨？它们各有什么特点？

云南有哪些著名的古茶山？代表性茶品有哪些？

云南茶区茶旅融合有哪些山川湖泊可观光？

云南茶区有哪些名胜奇观？

1. 为什么说云南是世界茶人心驰神往的游览胜地？

茶是中国继四大发明后对世界的第五大贡献，作为全球茶树原产地的云南，功不可没。茶叶界历来有这样一句话："茶人不到云南看看古老的茶树和古老的民风，就算不上真正的茶人。"

彩云之南，大有可观：从地理上看，这里有神奇壮观的雪山，有深不见底的沟壑峡谷，有风吹草低见牛羊的高山草甸，有北回归线上唯一的雨林，更有无数条美丽而静谧的河流。从气候上看，这里有四季如春的温暖，有高原雪域冰川，还有西双版纳热带雨林的花果飘香。从人文上看，这里有酥油茶养育的藏族，有水花滋润的傣族，有苍山洱海边风花雪月的白族，有玉龙雪山下擅长琴棋书画的纳西族，有崇虎尚火的彝族，有茶香浸泡的德昂族、布朗族、佤族……

茶，不仅是云南的传统产业，更是特色旅游文化产业。随着旅游和大健康产业呈现出多元化和个性化趋势，云南古茶树、古茶园、古茶山逐渐成为茶文化游学的焦点。爬茶山、拜茶祖、学普洱、问红茶，或结队成行，沿着无量山和澜沧江，沿着怒江和高黎贡山，穿越深山村寨，重走茶马古道，探访古老的民风民俗。从"原始生吃茶"到"原始熟吃茶"再到"茶为药用"进而"为食为饮",千年茶史一览无遗,是茶人寻找心路历程,圆梦初心的天然博物馆,是世界茶人心驰神往的游览胜地。

2. 云南有哪些茶文化园林景区?各有什么特点?

云南业已建成的茶文化公园主要有:

（1）云南茶文化大观园

位于昆明市西南郊国家AAAA级旅游景区云南民族村广场南侧的滇池湖畔,占地42.82亩,总建筑面积37771平方米。集旅游观光、文化体验、购物娱乐、特色餐饮、商务会馆、假日酒店等综合性服务功能于一体,集中展示了云南民族民间文化、民俗文物、书画雕刻、特色餐饮、普洱茶销售及云南26个民族文化风情,是云南民族茶文化的缩影。它与西山森林公园、大观公园、郑和公园等风景名胜区隔水相望。景区内水陆交错,清新优雅,其间有绿荫小径、亭阁回廊、拱桥石阶相衔相接,自然美景与仿明清时期的古典建筑浑然一体,引人入胜,恍如置身曹雪芹《红楼梦》里的大观园,使人流连忘返。

（2）中华普洱茶博览苑

位于距离普洱市区29公里的营盘山上，占地300余亩，海拔1700米。这里青山环绕、丘陵相拥、天高气爽、景色秀丽，是滇南茶海中的一颗璀璨明珠。从普洱茶起源演化、发展嬗变、种植生产、民族渊源、加工包装、历史文化、收藏营销、烹制品鉴等不同角度，立体地展现了普洱茶的博大精深。其旅游核心区由"普洱茶博物馆""村村寨寨""嘉烩坊""普洱茶制作坊""茶祖殿""品鉴园""采茶区""问茶楼""闲怡居"等九个部分组成，游客能充分体验到观茶、采茶、制茶、吃茶、品茶、斗茶、拜茶、购茶的乐趣。

（3）勐海云茶源旅游景区

位于西双版纳傣族自治州西部，距离勐海县城4公里，占地面积1500多亩，是云南集中展示茶文化、茶科技、茶产品的重要窗口，也是集观光旅游、民族茶文化展示、茶交易、茶树资源、良种繁育于一体的综合性生态旅游园。园区集中展现了茶马古道、现代茶园、民族制茶工艺和饮茶习俗等，将传统的茶事活动同现代先进的茶叶科技、茶文化融为一体，展示了茶的发展历史和科技成果。

（4）临沧茶文化风情园

位于临沧城北3公里的青龙山下，分为茶事活动区、水景娱乐区、民族风情园、茶园观赏区四大功能区。景区占地110公顷，建有茶文化交流馆（茶文化陈列展览）、茶道馆、制茶体验坊、茶科类花卉园、野生古茶园、名种茶园、葫芦湖、茶山游道、游乐场、茶文化广场、陆羽像、巨型九龙壶雕塑、餐饮楼、休闲长廊及其他附属设施，是集旅游、休闲、娱乐于一体的综合性人文旅游景区。

3. 云南有哪些茶文化特色村寨？各有什么特点？

云南茶文化特色村寨主要有：

（1）易武古镇：位于西双版纳傣族自治州勐腊县西北110公里处。对于普洱茶来说，易武古镇是活的历史博物馆——古六大茶山、古茶庄、古茶树、古茶园和茶马古道源头等，展现了云南数百年茶文化历史。这里山高雾重，土地肥沃，温热多雨，"山山有茶园，处处有人家"，既是出产上好普洱茶的天然宝地，也是云南省60个历史文化名镇和旅游小镇之一，古镇风貌和文化古迹保存完好。随着昆曼大通道建成通车，易武以崭新的姿态，迎接着海内外朋友的到来。

（2）鲁史古镇：位于临沧市凤庆县境内，1598年称阿

　　↑易武古镇：易武是古时镇越县政府所在地，至今仍有古镇留存。易武茶山是传统普洱茶的主产地，茶园面积和茶产量长期居于古六大茶山之首。是有名的"七子饼茶"产地。

　　↑鲁史古镇：鲁史古镇民居建筑受到大理白族文化和中原文化的影响，以仿效北方四合院和江浙风格的三合院为主。四合院有花园，三合院有花台，并绘有壁画、诗句、对联。鲁史古镇是滇西保存较为完好、规模较大的古建筑群之一。

禄巡检司，简称阿禄司，后更名为鲁史，是茶马古道西线顺宁（凤庆）、云州（云县）、缅宁（临翔）、耿马、镇康乃至缅甸通往蒙化（巍山）、下关、省城昆明以及中原地区的交通重镇。有三街七巷一广场：三街为上平街、下平街和楼梯街，七巷是曾家巷、黄家巷、十字巷、骆家巷、魁阁巷、董家巷和杨家巷，一广场即四方街。古镇以四方街为经纬中心，呈圆形分布，民居融大理白族"三房一照壁"风格，北方四合院和江浙猫弓式防火墙设计，是滇西地区保存较为完好的古建筑群，旧时有西蜀会馆、川黔会馆、大理会馆等，被称为"小上海"。"半为山村半为市，可作农舍可作商。"老街3米多宽的青石板路，由南向北把古镇一分为二，道路两旁，一座座土木院落纵横交错，相衔相拥自成一格，凸显古镇的沧桑和久远。

（3）娜允古镇：位于普洱市孟连县的娜允古镇迄今已有700多年的历史。傣语"娜允"意为"内城"，由"三城两镇"（上、中、下城和芒方岗、芒方冒）组成，自元代起就是土司府驻地。上城是土司及家奴住地，中城是官员和家属居地，下城是下级官员的住所；芒方岗和芒方冒是林业官和猎户居住的寨子。孟连"宣抚司署"位于上城的最高处，上、中城佛寺巍然屹立在宣抚司署附近。总揽娜允古城，坐南朝北，依山傍水，背靠古树葱郁的金山，俯瞰群山环抱的坝子，清澈的南垒河从金山、银山间蜿蜒南流，体现了傣族"寨前渔，寨后猎，依山傍水把寨建"的建筑理念和审美观念。是中国保存最完好的傣族古城和傣文化宫廷古乐胜地，有中国连片面积最大的龙血树群落和大黑山原始森林景观，有以神秘"金三角"为代表的异国风情，蕴含着丰富的傣族文化、宗教文化、生态文化及建筑文化。

（4）勐海勐景来：位于西双版纳勐海县打洛镇，毗邻著名的布朗山古茶区，古称"勐景来"。"勐景来"是傣语，"勐"是村寨，"景来"是"龙的影子"。村内水田、水塘散布，鸡、鸭、鹅成群，占地5.6平方公里，植被丰富，民风淳朴。佛寺、白塔、菩提神树、神泉与恬静村寨相交融，悠久的历史以及丰富多彩的自然景观和人文资源，体现了浓厚的南传上座部佛教文化特色，被人称为"中缅第一寨"。主要旅游项目包括：傣族民居和农耕文化展示、古茶山观光、中缅界河打洛江漂流等。

（5）沧源翁丁村：位于沧源县城西北方向约40公里处的勐角乡翁丁村，是目前中国保存最为完整的一个原始生态佤族村。佤语"翁丁"意为"云雾缭绕的地方"。

作为当地民居的干栏式竹木楼建筑有两种：一种是屋顶

很矮的单层椭圆形屋，成年未婚和孤寡中老年人都住这样的房子；另一种就是普通的两层楼，楼上住人，楼下畜居。佤族人家都会在村边建一间储藏屋，主要装粮食，没有锁，保留着路不拾遗的遗风。在翁丁村中央矗立着一根柱桩、一个鹅卵石石器、一个高高的标杆，摆放着一个木鼓，形成类似广场的坪地——寨心。寨桩是全村的核心，高杆上的图腾是"司岗里"传说，鹅卵石石器是寨心标志，是全寨人的精神寄托。寨桩上有包谷秆，以祈求粮食丰收，生活富足，有其他祭祀物供在寨桩前。寨桩是由佤族日常生活器物堆垒成的

沧源翁丁村：翁丁村为临沧市沧源佤族自治县勐角傣族彝族拉祜族乡下辖自然村，中国传统村落，位于沧源县西南部，村域面积6.3平方公里。翁丁村是中国佤族历史文化和传统建筑保存最完整的原生态村落。"翁丁"在佤语中的意思是云雾缭绕的地方，又有高山白云湖之灵秀的意思。翁丁大寨坐北朝南，整个寨子形似大椅子，周边有连绵的大山相围。村落建筑风格统一，为全木结构茅草房，分为干栏式和落地式两种。翁丁村共有120项文物，其中105户是传统民居建筑群，15项是历史环境要素。

木塔，由下而上分别是三脚架、铁锅、支锅圈、罗锅、蒸笼、葫芦、甑子盖等，共13层。整个村落坐落在森林环抱中，村寨周边的树不能砍伐，因为当地人将之视为保护村子的神林。进入村中，寨门、大榕树上的牛头令人震撼，每一个牛头都具有神秘色彩，是古老的农耕崇拜和图腾文化的见证。

4. 云南有哪些著名的古茶山？代表性茶品有哪些？

云南古茶园众多，总面积近40万亩，其中著名的古茶山有：

（1）景迈山古茶园：位于云南省澜沧拉祜族自治县惠民乡境内，地处东经100°02′02.5″，北纬22°12′05.8″。距离澜沧县城60余公里，距西双版纳州135公里。全村总面积为66.9平方公里，辖8个自然村，其中有5个傣族村，哈尼族、佤族和汉族村落各1个；有村民700余户、3000多人。景迈山种茶历史悠久，古茶林面积达2.8万亩，被誉为"人类茶文化史上的奇迹""中国民间文化遗产旅游示范区"。整个地势西北高东南低，最高海拔1662米，最低海拔1100米，属亚热带山地季风气候，干、湿季节分明，年平均气温18℃，年降雨量1800毫米，土壤属于赤红壤，植物群落属亚热带季风常绿阔叶林，分布有思茅木姜子、红椿等国家二级保护珍稀树种。动物有哺乳类、鸟类、两栖类和爬行类等。茶树大部分树冠挺拔，枝叶茂密，属罕见的栽培型古茶林居群，是珍贵的古代农业遗产。代表性茶品为景迈茶，知名品牌有澜沧古茶、泊联茶业等。

（2）布朗山古茶群：指生长在布朗山乡，包括新、老班章，老曼峨，曼新龙，邦盆，广别老寨等村寨在内的所有古茶树群落，位于西双版纳勐海县布朗山乡，总面积近万亩。其中，新班章有古茶园1380余亩，老班章有古茶园4490余亩，两寨合计5870余亩；老曼峨为布朗族村寨，古茶园面积3205亩，分布于村寨四周的森林中。"林中有茶，茶中有林，茶林交错"是布朗山古茶居群的一大特点，许多茶林人迹罕至，生态群落结构良好。加上白天温暖，夜间凉爽，雨季降水丰富，旱季阳光充足，茶与阔叶林混生，遮阴较好，满足了茶树喜散射光和喜荫的特点，使茶树枝叶浓绿，叶片油亮宽大，叶底肥厚，芽尖茸毛厚而亮，茶味厚重耐泡，韵味丰富，回甘迅速持久，品种特征明显。得天独厚的自然条件成就了布朗山茶区在普洱茶中的传奇地位，其代表性茶品有老班章、老曼峨、帕沙、班盆、贺开、曼糯、章家寨等，知名品牌有大益、陈升、八角亭等。

（3）困鹿山古茶园：位于宁洱县城北31公里处的凤阳乡宽宏村。属无量山南段余脉，最高峰海拔2271米，是宁洱县境内较高的山峰之一。困鹿山生长着万亩野生古茶林，总面积达10122亩，是目前发现的距离省城昆明最近、交通最便利、古茶树最密集、种类最丰富、周围植被最好的古茶园。相传清朝时期，每年春茶开采时，官府都要派兵进驻，监督进贡茶叶的制造，所以，困鹿山又有"皇家古茶园"的美称。它的特点是：条索显毫，茶汤黄绿，香气纯和而持久，苍老强劲，苦不重，回甘久，涩不强，生津快。茶以山而名，代表性茶品为困鹿山茶，知名品牌有雨林、天士力、龙生、银生、祖祥茶业等。

（4）漭水古茶：位于昌宁县中部漭水镇，镇政府所在地距县城16公里，交通和通信条件良好。其东邻澜沧江，与临沧市凤庆县、大理州白族自治州永平县隔水相望，东南与达丙、右甸两镇接壤，西与大田坝乡相连。全镇海拔1050～2850米，总面积311平方公里，辖9个村民委员会205个村民小组。漭水旅游资源丰富，有可览澜沧江风光的鹅头山、有"天山草原"之称的大秧草塘、天然温泉"阿背塞澡塘"、老厂望江楼等。随着小湾电站的建成，从漭水到老厂苏家山80多公里的沿江地带，将逐渐成为旅游热区。全镇野生茶树茶群落3000多亩，经中国农科院茶叶科学研究所、云南省茶科所、云南农大、中科院昆明植物研究所有关专家现场鉴定：有1000多株古茶树群的生长年限在800年以上，其中1000年以上的古茶树有100多棵；最大的一株直径达3.4米，高15.8米，树幅达6.8米×8米。以黄家寨为代表的古树茶群落已编入茶学专业有关教材。其代表性茶品为潆水茶，知名品牌有君如月、昌宁红等。

（5）临沧昔归茶区：该区位于临沧市临翔区邦东乡，距邦东乡政府16公里，距离县城79公里。古茶园海拔为750～2300米，年平均气温18～21℃，年降水量1200毫米，古茶园分布在澜沧江西岸的半山缓坡地带，茶混生于石或林中，树龄200～600年不等，较大的茶树基围在80～110厘米。茶品独特，优势突出，是云南普洱茶核心产区中唯一临江而立的雪山茶区，是普洱茶核心产区中地形地貌最为独特的茶区，是普洱茶核心产区中景观物候最具多样性的茶区，是普洱茶核心产区中历史遗迹最为丰富的茶区，是普洱茶核心产区中品质特征最具识别性的茶区，是普洱茶核心产区中茶旅融合最具魅力的茶区。

代表性茶品有石介茶、昔归茶、曼岗茶等，知名品牌有石介、智德恒昌、昔归庄园等。

（6）冰岛古茶林：位于双江县勐库镇冰岛村，辖冰岛、南迫、地界、坝歪、糯伍5个寨，距离勐库镇30多公里，距离县城50余公里。海拔1500～2100米，树龄多在150～600年。冰岛老寨茶树多分布在农户的房前屋后，以庭院围篱植物的形式呈现在人们的眼前。古茶树密度之大、种植之自然，无不彰显人类驯化、利用茶树的早期状态，人以茶树为伴、茶树与人为伴，人茶同居，代代相袭，不离不弃，好一幅茶乡人家的迷人画卷，既是全国著名茶树品种勐

昔归古茶园：位于临沧市临翔区邦东乡境内的昔归村忙麓山。忙麓山是临沧大雪山向东延伸靠近澜沧江的一部分，背靠昔归山，向东延伸至澜沧江，山脚是昔归渡口。忙麓山土壤为澜沧江沿岸典型的赤红壤。昔归古茶园多分布在半山一带，混生于森林中，古树茶树龄约200年，较大的茶树基围60～110厘米。 清末民初《缅宁县志》记载："种茶人户全县六七千户，邦东乡则蛮鹿、锡规尤特著，蛮鹿茶色味之佳，超过其他产茶区。"这里说的蛮鹿，现称为忙麓，锡规即现在的昔归。

库种的源头，也是勐库大叶茶的发源地。

代表性茶品有冰岛、南迫、地界、坝歪、糯伍等，知名品牌有俸字号、勐库戎氏、津乔、勐傣等。

（7）永德忙肺茶：位于临沧市永德县勐板乡西南面的忙肺村，东与永康镇相连，南与德党镇接壤，西与镇康县的勐棒马鞍山古茶区毗邻，北与小勐统镇相邻，距永德县城40公里。勐板为傣语地名，意为"四周流水环绕之地"。勐板下辖10个村委会，忙肺村位列其中。忙肺也是傣语地名，意为"河谷间的山岭"。该区种茶历史悠久，多民族聚居，

　　冰岛古茶园：位于临沧市双江县勐库镇冰岛村。冰岛村，当地人也称"丙岛"，意思是"长青苔的水塘"。冰岛村是云南大叶种茶的发祥地之一，从明成化年引种至今已有500多年。冰岛茶在勐库繁殖形成勐库大叶茶群体种，在顺宁繁殖变异形成凤庆大叶群体种，传入临沧邦东，形成邦东黑大叶茶群体种，被誉为"云南大叶种之正宗"。勐库茶山以冰岛为界分东、西半山，所产之茶风格各异，冰岛古茶兼具东半山茶香高、味扬、口感丰富饱满、甘甜质厚及西半山茶质重气强之长，茶气强而有力，气足韵长。

文化气息浓厚。茶园面积3万余亩，茶品芽体肥嫩柔软，白毫丰满，条索肥壮重实，茶汤黄绿明亮，滋味厚重，香气纯正，鲜爽回甘。一芽二叶茶多酚含量约34%，咖啡碱约4.1%，水浸出物约45%。代表性茶品有忙肺茶、马鞍山茶等，知名品牌有紫玉、棠梨春、银竹等。

5. 云南茶区茶旅融合有哪些山川湖泊可观光？

云南茶区茶旅融合可观光的山川湖泊主要有：

（1）澜沧江（湄公河）：一条国际河流，在东南亚地区被称为湄公河，是亚洲流经国家最多的河，是世界第六大河，亚洲第二大河。澜沧江（湄公河）全长4880公里，在我国境内河道长2161公里，其中有1247公里在云南境内。源出青海省杂多县境内唐古拉山北麓查加日玛的西侧，南流至西藏自治区昌都县附近与昆曲汇合后称为澜沧江。向东南流入云南西部至西双版纳傣族自治州南部，从勐腊县南腊河口244号界桩处出境后，改称湄公河。境外长2719公里，流经缅甸、老挝、泰国、柬埔寨、越南等5个国家，最后在越南胡志明市附近注入太平洋。该流域居住着90多个民族，建筑、风情、服饰、宗教习俗各不相同，涵盖了除沙漠以外所有气候环境的地理形态,自然景观雄奇壮丽。沿途经过西双版纳热带雨林,可观赏曼妙的傣族风情,出境后有平静辽阔的缅甸河段,有老挝怪石林立的峡谷,有泰国绸缎般光滑平整的河滩。澜沧江(湄公河)所经过的热带和亚热带地区,树木葱郁,树种奇特,飞鸟低掠,清脆悦耳的啼叫映衬着不息的河水,穿着不同民族服饰的孩子在河滩上追逐嬉戏,成群的水牛安逸地享受灿烂的阳光,沿河岸边民居木楼风格各不相同……踏江漫游,妙趣天成,六国风貌,一览无遗。

(2)勐海打洛江:"打洛"是傣语译名,意为多民族混杂相居的渡口。打洛镇是西双版纳南部的一个边陲小镇,距离景洪市133公里,清澈的打洛江水,从镇子中间流过,把古镇分为两半,流入湄公河,然后注入太平洋。打洛江又叫南览河,傣语意为"甘美"的意思,在打洛镇境内仅有36公里的河段,其余河段多为中、缅两国的界河,江两边是中、缅两国的村寨。傣族人民爱水,沐浴浣纱,撒网捕鱼,边民互贸,都在这条河上。日落时分,傣族妇女来到洒满金晖的江边沐浴,那波光粼粼的水面上,迷人的景致让人疑是来到了仙女的瑶池,风情万种,大有可观。

(3)百里长湖:澜沧江流经临沧市境内200多公里,在这段流域上建有漫湾、大朝山、小湾、罗扎渡四座大型电站，形成了气势磅礴、雄伟壮丽的澜沧江高峡"百里长湖"景观。湖面波光粼粼、半岛星罗棋布，两岸苍峻巍峨、珍稀动物嬉戏，风景如诗如画。百里长湖主要位于临沧市境内，蜿蜒数百里，诗意般将临沧、大理、普洱三个云南茶叶核心产区连成一体。沿线依次分布着澜沧江大峡谷、云海山庄、忙怀新石器遗址、朝山寺、滇缅铁路遗址、民族风情村、昔归古茶区、石介茶区、电站景观等众多景点。形成了集茶旅游学、工业考察、探险观光、水上娱乐、生态旅游、民俗体验、休闲度假等于一体的多功能旅游带。

（4）哀牢山脉：哀牢山是云岭山脉向南的延伸，东南走向，从大理州南部直抵红河州，绵延近千公里，是元江与阿墨江的分水岭。此山是滇东高原和滇西横断山脉两大地貌单元的分界线。哀牢山为断块浸蚀山地，东陡西缓，主要分布着较好的变质岩系，是我国三大金矿带之一。哀牢山地势险峻，山高谷深，海拔在600～3000米。海拔3000米以上的山峰有9座，最高峰海拔3166米。由于山体相对高差大，气候垂直分布明显，从山麓至山顶依次为南亚热带、中亚热带、寒温带、温带、寒温带气候。独特的山地气候使植被垂直分布明显，名茶名品迭出。是全球同一纬度上唯一保存完好的大面积原始山地常绿阔叶林区，为国家级自然保护区，使哀牢山成为天然生物物种的种质资源基因库，成为云南动植物王国中的天然博物馆和云南茶树王国的标本园，是开展科研、摄影、回归自然和森林探险的首选之地。

（5）无量山脉：又名蒙乐山，是云岭山脉西支向南的延伸，东南走向。北起巍山、南涧，南抵西双版纳，南诏时期被封为南岳，"因山高不可跻，有足难攀，谓之无量"。与中岳苍山、北岳玉龙雪山、东岳乌蒙山、西岳高黎贡山并称为云岭大地。无量山位于云南气候、土壤、植物、动物南北过渡与东西交汇的地带，是滇中南地区仅存的一块储存了许多物种基因和森林生态系统功能比较齐全的原始森林。无量山东陡西缓，是把边江和澜沧江的分水岭，西坡呈阶梯状，分布着普洱、思茅、普文、小勐养、景洪等坝子，是重要的农业区，动植物资源丰富，属国家级自然保护区。山脉南部的西双版纳热带雨林，已建成国家级风景名胜区。

云南产茶，唐代《蛮书》已有记载："茶出银生城界诸山，散收，无采造法，蒙舍蛮以椒、姜、桂和烹而饮之。"南诏立国以后，设立了银生节度使，治所就在无量山区的景东县，因而无量山也是茶的故乡。1000多年前的南诏时期，居住在这里的先民就开始种茶。澜沧江两岸的无量山，从大理一直到西双版纳，是云南茶叶的主产区。在无量山上，生长着最为古老的野生茶树，种植着最为悠久的栽培茶树，构成了中国面积最大的古茶树群落区。无量山区光热资源丰富、雨量充沛、土壤肥沃、四季云雾缭绕，为发展茶叶生产提供了得天独厚的自然条件。茶园星罗棋布，如碧玉般镶嵌在澜沧江畔，茶园海拔多在1200～2300米，茶树生长周期较长。茶叶内含物质丰富，氨基酸含量高，茶多酚含量适中，形成了滋味鲜爽、醇厚回甘、清香持久的品质特点，由此衍生出享誉世界的滇红、传奇的普洱茶和茶马古道。

（6）腾冲火山群：腾冲是云南省保山市重要的产茶区。腾冲火山群位于横断山系高黎贡山西侧，集中分布在和顺、马站一带，为我国西南最典型的第四纪火山。因地处欧亚大陆板块的边缘，地壳运动活跃，地震频繁。远古剧烈的地震发生时，山崩水涌，岩溶喷出地表；地震停止，岩浆冷却，形成了一座座形状独特的火山。在腾冲市主城周围100多平方公里的范围内，分布着大大小小70多座如倒扣铁锅状的火山，有的火山300多年前还在喷发。腾冲市主城即坐落在来凤山火山流出的熔岩之上。城北10公里的打鹰山是火山之冠，海拔2614米，相对高度640米，火山口直径为300米，深100多米。在主城西北10多公里的马站村附近，火山较为集中，黑空山、大空山火山群自北向南呈一字形排列，间距均在1000米左右，建有火山公园，为国家级风景名胜区。

6. 云南茶区有哪些名胜奇观？

云南茶区名胜奇观主要有：

（1）永德仙根：仙根，又被称为佛土。地处临沧市永德县城东南50公里的永康镇蛮况村，土壤以红壤和黄壤为主，多呈沙砾状。共有大小仙根200余尊，占地0.1平方公里，看上去似雕非雕，形状奇异如万年塔，形同精雕玉珠，高矮不等，最高的有30余米，堪称奇观。每年农历的正月十五和三月十五日，是当地的传统节日，上万人都会来到仙根群朝圣。

（2）司岗里溶洞：位于沧源县城西北30公里处勐角乡翁丁村。传说是佤族祖先走出"司岗里"的地方，在沧源佤族文化里有着神圣地位。溶洞长2307米，可到达的水洞长124米，高度大于120米。由于多年的地质演变，形成众多洞中厅堂，厅内石笋、石柱千姿百态，景观组合丰富：似小猴嬉戏、狮子蹲坐、老虎寻食。其中，一石柱高约20米，底粗1.6米，顶天立地，石柱上小下大，其上石花遍布，像一座石塔，洁白晶莹，叹为奇观。

（3）建水云龙山：位于建水城北25公里，因山体蜿蜒，山巅云雾缭绕，形如游龙入云而得名。主峰位于南庄、李浩寨、甸尾三个乡镇之间，东西长约5000米，南北长约3000米，面积约15平方公里，海拔高度2100米，山势巍峨，山上林木幽深，云雾缭绕，茶园油绿，冽泉涌注，鸟语花香，景色秀丽。登山俯视，曲江、东坝、西庄、南庄等几个大坝子尽入眼底。云龙山庙宇众多，从明代万历年间开始建寺开发，扩建于清康熙年间，曾兴盛一时。从山脚到山顶有4个天门，12个瑶台，一城一阁等29个景点。真武宫、兴圣寺、华严寺、云窝寺、观音殿、三元宫、紫金城等点缀山间。号称建水"八景之首"，是云南四大名山之一。也是儒、佛、道三教合一的观光圣地。集游览、休闲、度假、朝圣、避暑于一隅。"高山云雾出好茶"，云龙山自古以来就以盛产茶叶而闻名，千亩茶园掩映山中，所产"云龙山"茶，是建水县优质产品，其色、香、味俱佳，饮后杯内不留锈迹。

图书在版编目（CIP）数据

普洱茶解密 : 普洱茶知识百问百答 / 徐亚和编著
. -- 昆明 : 云南科技出版社, 2024.7
ISBN 978-7-5587-3101-3

Ⅰ. ①普… Ⅱ. ①徐… Ⅲ. ①普洱茶－问题解答
Ⅳ. ①TS272.5-44

中国版本图书馆CIP数据核字(2020)第193167号

普洱茶解密——普洱茶知识百问百答
PU'ERCHA JIEMI—— PU'ERCHA ZHISHI BAI WEN BAI DA

徐亚和 编著

出 版 人：温　翔
策　　划：屈雨婷 关文玉
责任编辑：赵伟力
封面设计：孟涛涛
责任校对：秦永红
责任印制：蒋丽芬

书　　号：ISBN 978-7-5587-3101-3
印　　刷：云南出版印刷集团有限责任公司华印分公司
开　　本：889mm×1194mm 1/32
印　　张：4.5
字　　数：105千
版　　次：2024年7月第1版
印　　次：2024年7月第1次印刷
定　　价：98.00元

出版发行：云南科技出版社
地　　址：昆明市环城西路609号
电　　话：0871-64134521